二十世纪中国心理学名著丛编

郭任远心理学论丛

郭任远 ◎ 著

主编◎郭本禹　阎书昌　特约编辑◎陈　巍

海峡出版发行集团 | 福建教育出版社

图书在版编目（CIP）数据

郭任远心理学论丛/郭任远著. —福州：福建教育出版社，2024.11. —（二十世纪中国心理学名著丛编）. —ISBN 978-7-5758-0120-1

Ⅰ.B84-53

中国国家版本馆 CIP 数据核字第 2024EE1081 号

二十世纪中国心理学名著丛编

Guorenyuan Xinlixue Luncong

郭任远心理学论丛

郭任远　著

出版发行	福建教育出版社
	（福州市梦山路 27 号　邮编：350025　网址：www.fep.com.cn）
	编辑部电话：0591-83726908
	发行部电话：0591-83721876　87115073　010-62024258）
出 版 人	江金辉
印　　刷	福建新华联合印务集团有限公司
	（福州市晋安区福兴大道 42 号　邮编：350014）
开　　本	890 毫米×1240 毫米　1/32
印　　张	9.125
字　　数	195 千字
插　　页	2
版　　次	2024 年 11 月第 1 版　2024 年 11 月第 1 次印刷
书　　号	ISBN 978-7-5758-0120-1
定　　价	29.00 元

如发现本书印装质量问题，请向本社出版科（电话：0591-83726019）调换。

编校凡例

1. 选编范围。"二十世纪中国心理学名著丛编"（以下简称"丛编"）选编 20 世纪经过 50 年时间检验、学界有定评的水平较高、影响较大、领学科一定风骚的心理学著作。这些著作在学术上有承流接响的作用。

2. 版本选择。"丛编"本书是以第一版或修订版为底本。

3. 编校人员。"丛编"邀请有关老、中、青学者，担任各册"特约编辑"，负责校勘原著、撰写前言（主要介绍作者生平、学术地位与原著的主要观点和学术影响）。

4. 编校原则。尊重原著的内容和结构，以存原貌；进行必要的版式和一些必要的技术处理，方便阅读。

5. 版式安排。原著是竖排的，一律转为横排。横排后，原著的部分表述作相应调整，如"右表""左表""右文""左文"均改为"上表""下表""上文""下文"等等。

6. 字体规范。改繁体字为简化字，改异体字为正体字；"的""得""地""底"等副词用法，一仍旧贯。

7. 标点规范。原著无标点的，加补标点；原著标点与新式标点不符的，予以修订；原文断句不符现代汉语语法习惯的，予以调整。原著有专名号（如人名、地名等）的，从略。书名号用《》、〈〉规范形式；外文书名排斜体。

8. 译名规范。原著专门术语，外国人名、地名等，与今通译有异的，一般改为今译。首次改动加脚注注明。

9. 数字规范。表示公元纪年、年代、年、月、日、时、分、秒，计数与计量及统计表中的数值，版次、卷次、页码等，一般用阿拉伯数字；表示中国干支等纪年与夏历月日、概数、年级、星期或其他固定用法等，一般用数字汉字。此外，中国干支等纪年后，加注公元纪年，如光绪十四年（1888）、民国二十年（1931）等。

10. 标题序号。不同层级的内容，采用不同的序号，以示区别。若原著各级内容的序号有差异，则维持原著序号；若原著下一级内容的序号与上一级内容的序号相同，原则上修改下一级的序号。

11. 错漏校勘。原著排印有错、漏、讹、倒之处，直接改动，不出校记。

12. 注释规范。原著为夹注的，仍用夹注；原著为尾注的，改为脚注。特约编辑补充的注释（简称"特编注"），也入脚注。

总序：

中国现代心理学的历史进程

晚清以降的西学东渐，为中国输入了西方科学知识和体系，作为分科之学的科学开始在中国文化中生根发芽。现代科学体系真正的形成和发展则是在民国时期，当时中国传统文明与西方近现代文明的大碰撞，社会的动荡与变革，新旧思想的激烈冲突，科学知识的传播与影响，成就了民国时期的学术繁荣时代。有人将之看作是"中国历史上出现了春秋战国以后的又一次百家争鸣的盛况"①。无论后人是"高估"还是"低估"民国时期的学术成就，它都是中国学术发展进程中重要的一环。近年来民国时期学术著作的不断重刊深刻反映出它们的学术价值和历史地位。影响较大者有上海书店的"民国丛书"、商务印书馆的"中华现代学术名著丛书"、岳麓书社的"民国学术文化名著"、东方出版社的"民国学术经典文库"和"民国大学丛书"，以及福建教育出版社的"20世纪中国教育学名著丛编"等。这

---

① 周谷城：《"民国丛书"序》，载《出版史料》2008年第2期。

些丛书中也收录了民国时期为数不多的重要心理学著作,例如,"民国丛书"中收有朱光潜的《变态心理学派别》、高觉敷的《现代心理学》、夔德义的《宗教心理学》、陈鹤琴的《儿童心理之研究》和潘菽的《社会的心理基础》等,"民国大学丛书"收录章颐年的《心理卫生概论》,"20世纪中国教育学名著丛编"包括艾伟的《教育心理学》、萧孝嵘的《教育心理学》、高觉敷的《教育心理》和王书林的《心理与教育测量》等。中国现代心理学作为一门独立的学科,仅有上述丛书中收入的少数心理学著作还难以呈现全貌,更为细致全面的整理工作仍有待继续开展。

一、西学东渐:中国现代心理学的源头

我国古代有丰富的心理学思想,却没有真正科学意义上的心理学。如同许多其他学科一样,心理学在我国属于"舶来品"。中国现代心理学的产生经历了西方心理学知识向中国输入和传播的历史阶段。最早接触到西方心理学知识的中国人是容闳、黄胜和黄宽,他们于1847年在美国大学中学习了心灵哲学课程,这属于哲学心理学的范畴,继而颜永京于1860年或1861年在美国大学学习了心灵哲学课程。颜永京回国后于1879年开始在圣约翰大学讲授心理学课程,他首开国人之先河,于1889年翻译出版了美国人海文著的《心灵学》(上本)①,这是史界公

---

① 译自 Haven, J., *Mental philosophy: Including the intellect, sensibilities, and will*. Boston: Gould & Lincoln, 1858.

认的第一部汉译心理学著作。此前传教士狄考文于 1876 年在山东登州文会馆开设心灵学即心灵哲学或心理学课程。1898 年，美国传教士丁韪良出版了《性学举隅》①，这是第一本以汉语写作的心理学著作。1900 年前后，日本在中国学习西方科学知识的过程中起到了桥梁作用，一批日本学者以教习的身份来到中国任教。1902 年，服部宇之吉开始在京师大学堂讲授心理学课程，并撰写《心理学讲义》②。1904 年，三江师范学堂聘请日本学者菅沼虎雄任心理学、教育学课程教习。1901—1903 年译自日文的心理学著作主要有：樊炳清译、林吾一著的《应用心理学》(1901)，③久保田贞则编纂的《心理教育学》(1902)，王国维译、元良勇次郎著的《心理学》(1902)，吴田炤译、广岛秀

---

① 其英文名为 Christian Psychology。《性学举隅》中的心理学知识，有更强的科学性和实证性，而《心灵学》中的心理学知识，则更具哲学性和思辨性。其主要原因是，《性学举隅》成书于 19 世纪末，西方心理学已经确立学科地位，科学取向的心理学知识日益增多，许多心理学著作也相继出版，该书对这些心理学知识吸收较多；而《心灵学》的原著成书于 19 世纪 50 年代，西方心理学还处于哲学心理学阶段，近代科学知识还没有和哲学心理学相互融合起来。此外，丁韪良在阐述心理学知识时，也具有较强的实证精神。他在提及一个心理学观点或理论时，经常会以"何以验之"来设问，然后再提供相应的证据或实验依据进行回答。同时他指出，"试验"（即实验）是西方实学盛行的原因，中国如果想大力发展实学，也应该以实验方法为重。丁韪良的这种实证精神，无论是对当时人们正确理解和运用心理学，还是对于其他学科都是有积极意义的。

② 由他的助教范源廉译述，此书的线装本没有具体的出版时间，大致出版于 1902—1903 年。服部宇之吉的讲义经过润色修改后于 1905 年在日本以中文出版。

③ 王绍曾主编：《清史稿艺术志拾遗》，北京：中华书局 2000 年版，第 1534 页。

太朗著的《初等心理学》(1902)、田吴炤译、高岛平三郎著的《教育心理学》(1903)、张云阁译、大瀨甚太郎和立柄教俊合著的《心理学教科书》①(1903)、上海时中书局编译的心理学讲义《心界文明灯》(1903)、沈诵清译、井上圆了著的《心理摘要》(1903)。此外，张东荪、蓝公武合译了詹姆斯《心理学简编教程》(1892)的第一章绪论、第二章感觉总论和第三章视觉，题名为《心理学悬论》。② 1907年王国维还自英文版翻译出版丹麦学者海甫定（H. Höffding）的《心理学概论》，1910年自日文版翻译出版美国禄尔克的《教育心理学》，这两本书在当时产生了较大影响。1905年在日本留学的陈榥编写出版的《心理易解》，被学界认为是中国学者最早自编的心理学书籍。此后至新文化运动开始起，一批以日本教习的心理学讲义为底本编写或自编的心理学书籍也相继出版，例如，湖北师范生陈邦镇等编辑的《心理学》(1905，内页署名《教育的心理学》)、江苏师范编的《心理学》(1906)、蒋维乔的《心理学》(1906)和《心理学讲义》(1912)、彭世芳的《心理学教科书》(1912，版权页署名《(中华)师范心理学教科书》)、樊炳清的《心理学要领》(师范学校用书，1915)、顾公毅的《新制心理学》(书脊署名《新制心理学教科书》，1915)、张子和的《广心理学》(上册，1915)、张毓骢和沈澄清编的《心理学》(1915)等。

---

① 该书还有另外一中译本，译者为顾绳祖，1905年由江苏通州师范学堂出版。

② 詹姆斯著，张东荪、蓝公武译：《心理学悬论》，载《教育》1906年第1、2期。

从西方心理学输入路径来看，上述著作分别代表着来自美国、日本、欧洲的心理学知识的传入。从传播所承载的活动来看，有宗教传播和师范教育两种活动，并且后者相继替代了前者。从心理学知识传播者身份来看，有传教士、教育家、哲学家等。

"心理学"作为一门学科的名称，其术语本身在中国开始使用和流行也有一个历史过程。"Psychology"一词进入汉语文化圈要早于它所指的学问或学科本身，就目前所知，该词最早见于1868年罗存德（William Lobscheid）在香港出版的《英华字典》（An English and Chinese Dictionary），其汉译名为"灵魂之学""魂学"和"灵魂之智"。① 在日本，1875年哲学家西周翻译的《心理学》被认为是日本最早的心理学译著。汉字"心理学"是西周从"性理学"改译的，故西周也是"心理学"的最早创译者。② 但"心理学"一词并没有很快引入中国。当时中国用于指称心理学知识或学科的名称并不统一。1876年，狄考文在山东登州文会馆使用"心灵学"作为心理学课程名称；1880年，《申报》使用"心学"一词指代颜永京讲授的心理学课程；1882年，颜永京创制"心才学"称谓心理学；1886年，分

---

① 阎书昌：《中国近现代心理学史（1872—1949）》，上海：上海教育出版社2015年版，第12页。

② 新近有研究者考证发现了中国知识分子执权居士于1872年在中国文化背景下创制了"心理（学）"一词，比日本学者西周创制"心理学"一词早三年，但执权居士的"心理（学）"术语并没有流行起来。参见：阎书昌：《中国近现代心理学史（1872—1949）》，上海：上海教育出版社2015年版，第13—14页。

别译自赫胥黎《科学导论》的《格致小引》和《格致总学启蒙》两本中各自使用"性情学"和"心性学"指称心理学;1889 年,颜永京使用"心灵学"命名第一本心理学汉本译著;1898 年,丁韪良在《性学举隅》中使用"性学"来指心理学。最后,康有为、梁启超于 1897—1898 年正式从日本引入"心理学"一词,并开始广泛使用。康有为、梁启超十分重视译书,认为"中国欲为自强第一策,当以译书为第一义",康有为"大收日本之书,作为书目志以待天下之译者"。① 他于 1896 年开始编的《日本书目志》共收录心理学书籍 25 种,其中包括西周翻译的《心理学》。当时,日文中是以汉字"心理学"翻译"psychology"。可见,康有为当时接受了"心理学"这一学科名称。不过《日本书目志》的出版日期不详。梁启超于 1897 年 11 月 15 日在《时务报》上发表的《读〈日本书目志〉后》一文中写道:"……愿我人士,读生理、心理、伦理、物理、哲学、社会、神教诸书,博观而约取,深思而研精。"② 梁启超作为康有为的学生,也是其思想的积极拥护者,很可能在《日本书目志》正式出版前就读到了书稿,并在报刊上借康有为使用的名称正式认可了"心理学"这一术语及其学科。③ 另外,大同译书局于

---

① 转引自杨鑫辉、赵莉如主编:《心理学通史》(第 2 卷),济南:山东教育出版社 2000 年版,第 142 页。
② 转引自阎书昌:《中国近现代心理学史(1872—1949)》,上海:上海教育出版社 2015 年版,第 43 页。
③ 阎书昌:《"心理学"在我国的第一次公开使用》,载杨鑫辉主编:《心理学探新论丛(2000 年辑)》,南京:南京师范大学出版社 2000 年版,第 240—241 页。

1898年春还出版了日本森本藤吉述、翁之廉校订的《大东合邦新义》一书,该书中也使用过"心理学"一词:"今据心理学以推究之",后有附注称:"心理学研究性情之差别,人心之作用者也。"① 此书是日本学者用汉语写作,并非由日文译出,经删改编校而成,梁启超为之作序。这些工作都说明了康有为和梁启超为"心理学"一词在中国的广泛传播所作出的重要贡献。以上所述仅仅是"心理学"作为一门学科名称在中国的变迁和发展,中国文化对心理学知识与学科的接受必定有着更为复杂的过程。

这一时期最值得书写的历史事件就是蔡元培跟随现代心理学创始人冯特的学习经历。蔡元培先后两次赴德国留学。在留学德国以前,蔡元培就对西方的文化科学有所涉及,包括文史、政经及自然科学。他译自日文的《生理学》《妖怪学》等著作就涉猎到心理学知识。蔡元培学习心理学课程是在第一次留学期间的1908年10月至1911年11月,他在三年学习期间听了八门心理学课程,其中有冯特讲授的三门心理学课程:心理学、实验心理学、民族心理学,还有利普斯(Theodor Lipps)讲授的心理学原理,勃朗(Brahon)讲授的儿童心理学与实验教育学,威斯(Wilhelm Wirth)讲授的心理学实验方法,迪特里希(Ottmar Dittrich)讲授的语言心理学、现代德语语法与心理学基础。蔡元培接受过心理学的专业训练,这是不同于中国现代心理学早期多是自学成才的其他人物之处,也是他具有中国现

---

① 转引自阎书昌:《中国近现代心理学史(1872—1949)》,上海:上海教育出版社2015年版,第43页。

代心理学先驱地位的原因之一。蔡元培深受冯特在实验心理学上开创性工作的影响，在其担任北京大学校长期间，于1917年支持陈大齐在哲学系内建立我国第一个心理学实验室，这是中国心理学发展史上的第一个心理学实验室，具有标志性意义。陈大齐是另一位中国现代心理学的先驱，1909年他进入东京帝国大学文科哲学门之后，受到日本心理学家元良勇次郎的影响，对心理学产生极为浓厚的兴趣，于是选心理学为主科，以理则学（亦称论理学，即逻辑学）、社会学等为辅科。陈大齐在日本接受的是心理学专业训练，1912年回国后开展的许多理论和实践工作对我国早期心理学都具有开创性的意义。

中国现代心理学学科的真正确立，是始于第一批学习心理学的留学生回国后从事心理学的职业活动，此后才出现了真正意义上的中国心理学家。

二、出国留学：中国现代心理学的奠基

中国现代心理学是新文化运动的产物，我国第一代心理学家正是成长于这一历史背景之下。20世纪初，我国内忧外患，社会动荡，国家贫弱，不断遭到西方列强在科学技术支撑下的坚船利炮的侵略，中华民族面临着深重的民族危机。新文化运动的兴起，在中国满布阴霾的天空中，响起一声春雷，爆发了一场崇尚科学、反对封建迷信、猛烈抨击几千年封建思想的文化启蒙运动。1915年，陈独秀创办《青年杂志》（后改名为《新青年》），提出民主和科学的口号，标志着新文化运动的开始，

到1919年"五四"运动爆发时,新文化运动达到高潮。中国先进的知识分子试图从西方启蒙思想那里寻找救国救民之路,对科学技术产生了崇拜,提出了"科学救国"和"教育救国"的口号,把科学看成是抵御外侵和解决中国一切问题的工具,认为只有科学才能富国强兵,使中国这头"睡狮"猛醒,解除中国人民的疾苦,摘掉头上那顶"东亚病夫"的耻辱帽子。西方现代科学强烈冲击了中国的旧式教育,"开启民智""昌明教育""教育救国"的声音振聋发聩。孙中山在《建国方略》中写道:"夫国者,人之所积也。人者,心之所器也。国家政治者,一人群心理之现象也。是以建国之基,当发端于心理。"① 他认为"一国之趋势,为万众之心理所造成;"② 要实现教育救国,就要提高国民的素质,改造旧的国民性,塑造新的国民。改造国民性首先要改造国民的精神,改造国民的精神在于改造国民的行为,而改造人的行为在于改造人的心理。著名教育家李石曾也主张:"道德本于行为,行为本于心理,心理本于知识。是故开展人之知识,即通达人之心理也;通达人之心理,即真诚人之行为也;真诚人之行为,即公正人之道德也。教育者,开展人之知识也。欲培养人之有公正之道德,不可不先有真诚之行为;欲有真诚之行为,不可不先有通达之心理;欲有通达之心理,不可不先有开展之知识。"③ 了解人的心理是改造人的心理的前

---

① 《孙中山全集》(第6卷),北京:中华书局1981年版,第214—215页。
② 孙文:《心理建设》,上海:一心书店1937年版,第83页。
③ 李石曾:《无政府说》,载《辛亥革命前十年时间政选集》(第三卷),北京:三联书店1960年版,第162—163页。

提，了解人的心理是进行教育的前提，而心理学具有了解心理、改造心理的作用。所以，当时一批有志青年纷纷远赴重洋攻读心理学。① 汪敬熙后来对他出国为何学习心理学的回忆最能说明这一点，他说："在十五六年前，更有一种原因使心理学渐渐风行。那时候，许多人有一种信仰，以为想改革中国必须从改造社会入手；如想改造社会必须经过一番彻底的研究；心理学就是这种研究必需的工具之一，我记得那时候好些同学因为受到这种信仰的影响，而去读些心理学书，听些心理学的功课。"② 张耀翔赴美前夕，曾与同学廖世承商讨到美国所学专业，认为人为万物之灵，强国必须强民，强民必须强心，于是决心像范源廉先生（当时清华学堂校长）那样，身许祖国的教育事业，并用一首打油诗表达了他选学心理学的意愿："湖海飘零廿二

---

① 中国学生大批留美始于 1908 年的"庚款留学"。1911 年经清政府批准，成立了留美预备学校即清华学堂。辛亥革命爆发之后，清华学堂因战事及经费来源断绝原因停顿半年之久，至 1912 年 5 月学堂复校，改称"清华学校"。由于"教育救国"运动的需要，辛亥革命之后留美教育得以延续。在这批留美大潮中，有相当一部分留学生以心理学作为主修专业，为此后中国现代心理学的发展积聚下了专业人才。据 1937 年的《清华同学录》统计，学教育、心理者（包括选修两门以上学科者，其中之一是教育心理）共 81 人。早期的心理学留学生主要有：王长平（1912 年赴美，1915 年回国）、唐钺（1914 年赴美，1921 年回国）、陈鹤琴（1914 年赴美，1919 年回国）、凌冰（1915 年赴美，1919 年回国）、廖世承（1915 年赴美，1919 年回国）、陆志韦（1915 年赴美，1920 年回国）、张耀翔（1915 年赴美，1920 年回国）等。

② 汪敬熙：《中国心理学的将来》，载《独立评论》1933 年第 40 号。

年，今朝赴美快无边。此身原许疗民瘼，誓把心书仔细研！"①潘菽也指出："美国的教育不一定适合中国，不如学一种和教育有关的比较基本的学问，即心理学。"②

在国外学习心理学的留学生接受了著名心理学家的科学训练，为他们回到中国发展心理学打下了扎实的专业功底。仅以获得博士学位的心理学留学生群体为例，目前得以确认的指导过中国心理学博士生的心理学家有美国霍尔（凌冰）、卡尔（陆志韦、潘菽、王祖廉、蔡乐生、倪中方、刘绍禹）、迈尔斯（沈有乾、周先庚）、拉施里（胡寄南）、桑代克（刘湛恩）、瑟斯顿（王徵葵）、吴伟士（刘廷芳、夏云）、皮尔斯伯里（林平卿）、华伦（庄泽宣）、托尔曼（郭任远）、梅耶（汪敬熙）、黄翼（格塞尔）、F. H. 奥尔波特（吴江霖），英国斯皮尔曼（潘渊、陈立）、皮尔逊（吴定良），法国瓦龙（杨震华）、福柯（左任侠），等等。另外，指导过中国学生或授过课的国外著名心理学家还有冯特（蔡元培）、铁钦纳（董任坚）、吕格尔（潘渊）、皮亚杰（卢濬）、考夫卡（朱希亮、黄翼）、推孟（黄翼、周先庚）、苛勒（萧孝嵘）等。由此可见，这些中国留学生海外求学期间接触到了西方心理学的最前沿知识，为他们回国之后传播各个心理学学派理论，发展中国现代心理学奠定了坚实的基础。

在海外学成归来的心理学留学生很快成长为我国第一代现

---

① 程俊英：《耀翔与我》，载张耀翔著：《感觉、情绪及其他——心理学文集续编》，上海：上海人民出版社1986年版，第308—332页。

② 潘菽：《潘菽心理学文选》，南京：江苏教育出版社1987年版，第2页。

代心理学家,他们拉开了中国现代心理学的序幕。他们传播心理学知识,建立心理学实验室,编写心理学教科书,创建大学心理学系所,培养心理学专门人才,成立心理学研究机构和组织,创办心理学专业刊物,从事心理学专门研究与实践,对中国现代心理学的诸多领域作出奠基性和开拓性贡献,分别成为中国心理学各个领域的领军人物。这些归国留学生大都是25~30岁之间的青年学者,他们对心理学具有强烈的热情,正如张耀翔所说的:"心理学好比我的宗教。"① 同时,他们精力旺盛,受传统思想束缚较少,具有雄心壮志,具有创新精神和开拓意识,致力于发展中国的心理学,致力于在中国建立科学的心理学,力图把"心理学在国人心目中演成一个极饶兴趣、惹人注目的学科"。② 不仅如此,他们还具有更远大的抱负,把中国心理学推向世界水平。就像郭任远在给蔡元培的一封信中所表达的:"倘若我们现在提倡心理学一门,数年后这个科学一定不落美国之后。因为科学心理学现在还在萌芽时代。旧派的心理学虽已破坏,新的心理学尚未建设。我们现在若在中国从建设方面着手,将来纵不能在别人之前,也决不致落人后。""倘若我们尽力筹办这个科学,数年后一定能受世界科学界的公认。"③

中国第一代心理学家还积极参与当时我国思想界和学术界

---

① 张耀翔:《心理学文集》,上海:上海人民出版社1983年版,第231页。

② 张耀翔:《心理学文集》,上海:上海人民出版社1983年版,第246页。

③ 郭任远:《郭任远君致校长函》,载《北京大学日刊》1922年总第929号。

的讨论。如陈大齐在"五四"运动时期，积极参与当时科学与灵学的斗争，运用心理学知识反对宣扬神灵的迷信思想。唐钺积极参与了20世纪20年代初（1923）的"科学与玄学"论战。汪敬熙在北大就读时期就是"五四"运动的健将，也是著名的新潮社的主要成员和《新潮》杂志的主力作者，提倡文学革命，致力于短篇小说的创作，他也是继鲁迅之后较早从事白话小说创作的作家。陆志韦则提倡"五四"新诗运动，他于1923年出版的《渡河》诗集，积极探索了新诗歌形式和新格律的实践。

三、制度建设：中国现代心理学的确立

"五四"运动之后，在海外学习心理学的留学生①陆续回国。他们从事心理学的职业活动，逐渐形成我国心理学的专业队伍。他们大部分都任教于国内的各大高等院校中，承担心理学的教学与科研任务，积极开展中国现代心理学的早期学科制度建设。他们创建心理学系所、建立心理学实验室、成立心理学专业学会和创办心理学刊物，开创了中国现代心理学的一个辉煌时期。

（一）成立专业学会

1921年8月，在南京高等师范学校组织暑期教育讲习会，有许多学员认为心理学与教育关系密切，于是签名发起组织中

---

① 这些心理学留学生大部分人都获得了博士学位，也有一部分人在欧美未获得博士学位，如张耀翔、谢循初、章益、王雪屏、王书林、阮镜清、普施泽、黄钰生、胡秉正、高文源、费培杰、董任坚、陈雪屏、陈礼江、陈飞鹏等人。他们回国后在心理学领域同样作出了重要贡献。

华心理学会，征求多位心理学教授参加。几天之后，在南京高等师范学校临时大礼堂举行了中华心理学会成立大会，通过了中华心理学会简章，投票选举张耀翔为会长兼编辑股主任，陈鹤琴为总务股主任，陆志韦为研究股主任，廖世承、刘廷芳、凌冰、唐钺为指导员。这是中国第一个心理学专业学会。中华心理学会自成立后，会员每年都有增加，最盛时多达235人。但是由于学术活动未能经常举行，组织逐渐涣散。1931年，郭一岑、艾伟、郭任远、萧孝嵘、沈有乾、吴南轩、陈鹤琴、陈选善、董任坚等人尝试重新筹备中华心理学会，但是后来因为"九一八"国难发生，此事被搁置，中华心理学会就再也没有恢复。

1935年11月，陆志韦发起组织"中国心理学会"，北京大学樊际昌、清华大学孙国华、燕京大学陆志韦被推为学会章程的起草人。三人拟定的"中国心理学会章程草案"经过讨论修改后，向各地心理学工作者征求意见，获得大家的一致赞同，认为"建立中国心理学会"是当务之急。1936年11月，心理学界人士34人发出由陈雪屏起草的学会组织启事，正式发起组织中国心理学会。1937年1月24日，在南京国立编译馆大礼堂举行了中国心理学会成立大会。会上公推陆志韦为主席，选出陆志韦、萧孝嵘、周先庚、艾伟、汪敬熙、刘廷芳、唐钺为理事。正当中国心理学会各种活动相继开展之际，"七七事变"爆发，学会活动被迫停止。

1930年秋，时任考试院院长的戴季陶鉴于测验作为考试制度的一种，有意发起组织测验学会。由吴南轩会同史维焕、赖琏二人开始做初步的筹备工作。截至当年 12 月 15 日共征得 57 人的同意做发起人，通过通讯方式选举吴南轩、艾伟、易克槱、陈鹤琴、史维焕、顾克彬、庄泽宣、廖茂如、邰爽秋为筹备委员，陈选善、陆志韦、郭一岑、王书林、彭百川为候补委员，指定吴南轩为筹备召集人，推选吴南轩、彭百川、易克槱为常务委员。1931 年 6 月 21 日，在南京中央大学致知堂召开成立大会和会员大会。

1935 年 10 月，南京中央大学教育学院同仁发起组织中国心理卫生协会，向全国心理学界征求意见，经过心理学、教育、医学等各界共 231 人的酝酿和发起，并得到 146 位知名人士的赞助，中国心理卫生协会于 1936 年 4 月 19 日在南京正式召开成立大会，并通过了《中国心理卫生协会简章》。该协会的宗旨是保持并促进精神健康，防止心理、神经的缺陷与疾病，研究有关心理卫生的学术问题，倡导并促进有关心理卫生的公共事业。1936 年 5 月，经过投票选举艾伟、吴南轩、萧孝嵘、陈剑脩、陈鹤琴等 35 人为理事，周先庚、方治、高阳等 15 人为候补理事，陈大齐、陈礼江、杨亮功、刘廷芳、廖世承等 21 人为监事，梅贻琦、章益、郑洪年等 9 人为候补监事。在 6 月 19 日举行的第一次理事会议上，推举吴南轩（总干事）、萧孝嵘、艾伟、陈剑脩、朱章赓为常务理事。

（二）创办学术期刊

《心理》，英文刊名为 *Chinese Journal of Psychology*，由张耀翔于 1922 年 1 月在北平筹备创办的我国第一种心理学期刊。编辑部设在北京高等师范学校心理学实验室的中华心理学会总会，它作为中华心理学会会刊，其办刊宗旨之一是，"中华心理学会会员承认心理学自身是世上最有趣味的一种科学。他们研究，就是要得这种精神上的快乐。办这个杂志，是要别人也得同样的快乐"。① 《心理》由张耀翔主编，上海中华书局印刷发行，于1927年7月终刊。该刊总共发表论文163篇，其中具有创作性质的论文至少50篇。1927年，周先庚以《1922年以来中国心理学旨趣的趋势》为题向西方心理学界介绍了刊发在《心理》杂志上共分为21类的110篇论文。② 这是中国心理学界的研究成果第一次集体展示于西方心理学界，促进了后者对中国心理学的了解。

《心理半年刊》，英文刊名为 The N.C. Journal of psychology，由中央大学心理学系编辑，艾伟任主编，于1934年1月1日在南京创刊，至1937年1月1日出版第4卷1期后停刊，共出版7期。其中后5期均为"应用心理专号"，可见当时办刊宗旨是指向心理学的应用。该刊总共载文88篇，其中译文21篇。

《心理季刊》是由上海大夏大学心理学会出版，1936年4月创刊，1937年6月终刊。该刊主任编辑为章颐年，其办刊宗旨是"应用心理科学，改进日常生活"，它是当时国内唯一一份关于心理科学的通俗刊物。《心理季刊》共出版6期，发表87篇文章（包括译文4篇）。栏目主要有理论探讨、生活应用、实验报告及参考、名人传记、书报评论、心理消息、论文摘要等七

---

① 《本杂志宗旨》，载《心理》1922年第1卷1号。

② Chou, S.K., Trends in Chinese psychological interests *since 1922*. The American Journal of Psychology. 1927, 38（3）.

个栏目,还有插图照片 25 帧。

《中国心理学报》由燕京大学和清华大学心理学系编印,1936 年 9 月创刊,1937 年 6 月终刊。后成为中国心理学会会刊。主任编辑为陆志韦,编辑为孙国华和周先庚。蔡元培为该刊题写了刊名。在该刊 1 卷 1 期的编后语中,追念 20 年代张耀翔主编的《心理》杂志,称这次出版"名曰《中国心理学报》,亦以继往启来也"。该刊英文名字为 The Chinese Journal of Psychology,与《心理》杂志英文名字完全相同,因此可以把《中国心理学报》看作是《心理》杂志的延续或新生。同时,《中国心理学报》在当时也承担起不同于 20 年代"鼓吹喧闹,笔阵纵横"拓荒期的责任,不再是宣传各家学说,而是进入扎扎实实地开展心理学研究的阶段,从事"系统之建立""以树立为我中华民国之心理学"。该刊总共发表文章 24 篇,其中实验报告 14 篇,系统论述文章 4 篇,书评 3 篇,其他有关实验仪器的介绍、统计方法等 3 篇。

抗战全面爆发之前,我国出版的心理学刊物还有以下几种:① 《测验》是 1932 年 5 月由中国测验学会创刊的专业性杂志,专门发表关于测验的学术论文。共出版 9 期,于 1937 年 1 月出版最后一期之后停刊,计发表 100 余篇文章。《心理附刊》是中央大学日刊中每周一期的两页周刊,1934 年 11 月 20 日发刊,中间多次中断,1937 年 1 月 14 日以后完全停刊。该刊载文多为译文,由该校"心理学会同仁于研习攻读之暇所主持",其

---

① 杨鑫辉、赵莉如主编:《心理学通史》(第 2 卷),济南:山东教育出版社 2000 年版,第 209—212 页,第 217—226 页。

宗旨是"促进我国心理学正当的发展，提倡心理学的研究和推广心理学的应用"。该刊共出版45期，计发表文章59篇，其中译文47篇，多数文章都是分期连载。《中央研究院心理研究所丛刊》是中央研究院心理研究所印行的一种不定期刊物，专门发表动物学习和神经生理方面的实验研究报告或论文，共出版5期。同时心理研究所还出版了《中央研究院心理研究所专刊》，共发行10期。这两份刊物每一期为一专题论文，均为英文撰写，其中多篇研究报告都具有较高的学术价值。《心理教育实验专篇》是中央大学教育学院教育实验所编辑发行的一种不定期刊物，专门发表心理教育实验报告，共出版7期。1934年2月出版第1卷1期，1939年出版第4卷1期，此后停止刊行。

（三）建立教学和研究机构

1920年，南京高等师范学校教育科设立了心理学系，这是我国建立的第一个心理学系。不久，该校更名为东南大学，东南大学的心理学系仍属教育科。当时中国大学开设独立心理学系的只有东南大学。陈鹤琴任该校教务长，廖世承任教育科教授。在陆志韦的领导下，心理学系发展得较快，有"国内最完备的心理学系"之誉，心理学系配有仪器和设备先进的心理学实验室。1927年，东南大学与江苏其他八所高校合并成立第四中山大学，不久又更名为中央大学。中央大学完全承袭了东南大学的心理学仪器和图书，原注重理科的学科组成心理学系，隶属于理学院，潘菽任系主任。原注重教育的学科组成教育心理组，隶属于教育学系。1929年，教育心理组扩充为教育心理学系，隶属教育学院，艾伟为系主任。1932年，教育心理学系与理学院心理学系合并一系，隶属于教育学院，萧孝嵘出任系主任。1939年，中央大学教育学院改为师范学院，心理学系复归理学院，并在师范学院设立教育心理学所，艾伟出任所长。

1926年，北京大学正式建立心理学系。早在1919年，蔡元培在北京大学将学门改为学系，并在实行选科制时，将大学本科各学系分为五个学组，第三学组为心理学系、哲学系、教育系，当时只有哲学系存在，其他两系未能成立，有关心理学的课程都附设在哲学门（系）。1917年陈大齐在北京大学建立了中国第一个心理学实验室，次年他编写了我国第一本大学心理学教科书《心理学大纲》，该书广为使用，产生很大影响。1926年正式成立心理学系，并陆续添置实验仪器，使心理学实验室开始初具规模，不仅可以满足学生学习使用，教授也可以用来进行专门的研究。

1922年，庄泽宣回国后在清华大学（当时是清华学校时期）开始讲授普通心理学课程。1926年，清华大学将教育学和心理学并重而成立教育心理系。1928年3月1日，出版由教育心理系师生合编的刊物《教育与心理》（半年刊），时任系主任为主任编辑朱君毅，编辑牟乃祚和傅任敢。当年秋天清华大学成立心理学系，隶属于理学院，唐钺任心理学系主任，1930年起孙国华担任心理学系主任。1932年秋，清华大学设立心理研究所（后改称研究部），开始招收研究生。清华大学心理学系建立了一个在当时设备比较先进、完善的心理学实验室，其规模在当时中国心理学界内是数一数二的。

1923年7月，北京师范大学成立，其前身为北京高等师范学校。1920年9月张耀翔受聘于该校讲授心理学课,包括普通心理学、实验心理学、儿童心理学和教育心理学,并创建了一个可容十人的心理学实验室,可称得上当时中国第二个心理学室实验室。

1923年,郭任远受聘于复旦大学讲授心理学。当年秋季招收了十余名学生,成立心理学系,隶属于理科,初设人类行为之初步、实验心理学、比较心理学、心理学审明与翻译四门课程。1924年聘请唐钺讲授心理学史。郭任远曾将几百本心理学书籍杂志用作心理学系的图书资料,并募集资金添置实验仪器、动物和书籍杂志,其中动物就有鼠、鸽、兔、狗和猴等多种,以供实验和研究所用。至1924年,该系已经拥有了心理学、生理学和生物学方面中外书籍2000余册,杂志50余种。1925年郭任远募集资金盖了一个四层楼房,名为"子彬院",将心理学系扩建为心理学院,并出任心理学院主任,这是当时国内唯一的一所心理学院。其规模居世界第三位,仅次于苏联巴甫洛夫心理学院和美国普林斯顿心理学院,故被称为远东第一心理学院。心理学院下拟设生物学系、生理学及解剖学系、动物心理学系、变态心理学系、社会心理学系、儿童心理学系、普通心理学系和应用心理学系等八个系,并计划将来变态心理学系附设精神病院,儿童心理学系附设育婴医院,应用心理学系附设实验学校。子彬院大楼内设有人类实验室、动物实验室、生物实验室、图书室、演讲厅、影戏厅、照相室、教室等。郭任远招揽了国内顶尖的教授到该院任教,在当时全国教育界享有"一院八博士"之誉。

1924年，上海大夏大学成立。最初在文科设心理学系，教育科设教育心理组，并建有心理实验室。1936年，扩充为教育学院教育心理学系，章颐年任系主任。当时该系办得很好，教育部特拨款添置设备，扩充实验室，增设动物心理实验室，并相继开展了多项动物心理研究。大夏大学心理学系很重视实践，自制或仿制实验仪器，并为其他大学心理学系代制心理学仪器，还印制了西方著名心理学家图片和情绪判断测验用图片，供心理学界同仁使用。该系师生还组织成立了校心理学会，创办儿童心理诊察所。大夏大学心理学系在心理学的应用和走向生活方面，属于当时国内心理学界的佼佼者。

1919年，燕京大学最早设立心理科。1920年刘廷芳赴燕京大学教授心理学课程，翌年经刘廷芳建议，心理学与哲学分家独立成系，隶属理学院，由刘廷芳兼任系主任，直至1925年。1926年燕京大学进行专业重组，心理学系隶属文学院。刘廷芳本年度赴美讲学，陆志韦赴燕京大学就任心理学系主任和教授。刘廷芳在美期间为心理学系募款，得到白兰女士（Mrs. Mary Blair）巨额捐助，心理学系的图书仪器设备得到充实，实验室因此命名为"白兰氏心理实验室"。

1929年，辅仁大学成立心理学系，首任系主任为德国人葛尔慈教授（Fr. Joseph Goertz），他曾师从德国实验心理学家林德渥斯基（Johannes Lindworsky），林德渥斯基是科学心理学之父冯特的学生。葛尔慈继承了德国实验心理学派的研究传统，在辅仁大学建立了在当时堪称一流的实验室，其实验仪器均是购自国外最先进的设备。

1927年6月,中山大学成立心理学系,隶属文学院,并创建心理研究所,聘汪敬熙为系、所的主任。他开设了心理学概论、心理学论文选读和科学方法专题等课程。1927年2月汪敬熙在美国留学期间,受戴季陶和傅斯年的邀请回国创办心理研究所,随即着手订购仪器。心理研究所创办时"已购有值毫银万元之仪器,堪足为生理心理学,及动物行为的研究之用,在设备上,在中国无可称二,即比之美国有名大学之心理学实验室,亦无多愧"①。

据《中华民国教育年鉴》统计,截止到1934年我国有国立、省立和私立大学共55所,其中有21所院校设立了心理学系(组)。至1937年之前,国内还有一些大学尽管没有成立心理学系,但通常在教育系下开设有心理学课程,甚至创建有心理学实验室,这些心理学力量同样也为心理学在中国的发展作出了重要贡献,如湖南大学教育学系中的心理学专业和金陵大学的心理学专业。

1928年4月,中央研究院正式成立,蔡元培任院长。心理研究所为最初计划成立的五个研究所之一,这是我国第一个国家级的心理学专门研究机构。1928年1月"中央研究院组织法"公布之后,心理研究所着手筹备,筹备委员会包括唐钺、汪敬熙、郭任远、傅斯年、陈宝锷、樊际昌等六人。② 1929年4月

---

① 引自阎书昌:《中国近现代心理学史(1872—1949)》,上海:上海教育出版社2015年版,第129页。

② 《中央研究院心理学研究所筹备委员会名录》,载《大学院公报》1928年第1期。

中央研究院决定成立心理研究所,于5月在北平正式成立,唐钺任所长。1933年3月心理研究所南迁上海,汪敬熙任所长。此时工作重点侧重神经生理方面的研究。1935年6月,心理研究所又由上海迁往南京。1937年,抗战全面爆发后,心理研究所迁往长沙,后到湖南南岳,又由南岳经桂林至阳朔,1940年冬,至桂林南部的雁山村稍微安定,才恢复了科研工作。抗战胜利后,1946年9月,心理研究所再次迁回上海。

(四)统一与审定专业术语

作为一个学科,其专业术语的定制具有重要的意义。1908年,清学部尚书荣庆聘严复为学部编订名词馆总纂,致力于各个学科学术名词的厘定与统一。学部编订名词馆是我国第一个审定科学技术术语的统一机构。《科学》发刊词指出:"译述之事,定名为难。而在科学,新名尤多。名词不定,则科学无所依倚而立。"[①] 庄泽宣留学回国之后发现心理学书籍越来越多,但是各人所用的心理学名词各异,深感心理学工作开展很不方便。1922年,中华教育改进社聘请美国教育心理测验专家麦柯尔(William Anderson McCall,1891—1982)来华讲学并主持编制多种测验。麦柯尔曾邀请朱君毅审查统计和测验的名词。随后他又提出要开展心理学名词审定工作,并打算邀请张耀翔来做这件事情,但后来把这件事情委托给了庄泽宣。庄泽宣声称利用这次机会,可以钻研一下中国的文字适用于科学的程度如何。庄泽宣首先利用华伦著《人类心理学要领》(*Elements of*

---

① 《发刊词》,载《科学》1915年第1卷第1期。

Human Psychology，1922）一书的心理学术语表，并参照其他的书籍做了增减，然后对所用的汉语心理学名词进行汇总。本来当时计划召集京津附近的心理学者进行商议，但是未能促成。庄泽宣在和麦柯尔商议之后，就开始"大胆定译名"，最后形成了译名草案，由中华教育改进社在1923年7月印制之后分别寄送给北京、天津、上海、南京的心理学家，以征求意见。最后由中华教育改进社于1924年正式出版中英文对照的《心理学名词汉译》一书。

继庄泽宣开展心理学名词审查之后，1931年清华大学心理系主任孙国华领导心理学系及清华心理学会全体师生着手编制中国心理学字典。此时正值周先庚回国，他告知华伦的心理学词典编制计划在美国早已公布，而且规模宏大，筹划精密，两三年内应该能出版。中国心理学字典的编译工作可以暂缓，待华伦的心理学词典出版之后再开展此项工作。1934年该系助教米景沅开始搜集整理英汉心理学名词，共计6000多词条，初选之后为3000多，并抄录成册，曾呈请陆志韦校阅，为刊印英汉心理学名词对照表做准备。而此时由国立编译馆策划，赵演主持的心理学名词审查工作也已开始，一改过去个人或小规模进行心理学名词编制工作的局面，组织了当时中国心理学界多方面的力量参与这项工作，并取得很好的成绩。

1935年夏天，商务印书馆开始筹划心理学名词的审查工作，由赵演主持，左任侠协助。商务印书馆计划将心理学名词分普通心理学、变态心理学、生理心理学、应用心理学和心理学仪器与设备五部分分别审查，普通心理学名词是最早开始审查的。

赵演首先利用华伦的《心理学词典》（Dictionary of Psychology）搜集心理学专业名词，并参照其他书籍共整理出 2732 个英文心理学名词。在整理英文心理学名词之后，他又根据 49 种重要的中文心理学译著，整理出心理学名词的汉译名称，又将散见于当时报刊上的一些汉译名词补入，共整理出 3000 多个。此后又将这些资料分寄给国内 59 位心理学家，以及 13 所大学的教育学院或教育系征求意见，此后相继收到 40 多位心理学家的反馈意见。这基本上反映了国内心理学界对这份心理学名词的审查意见。例如，潘菽在反馈意见中提到，心理学名词的审查意味着标准化，但应该是帮助标准化，而不能创造标准。心理学名词自身需要经过生存的竞争，待到流行开来再进行审查，通过审查进而努力使其标准化。① 经过此番的征求意见之后，整理出 1393 条心理学名词。此时成立了以陆志韦为主任委员的普通心理学名词审查委员会，共 22 名心理学家，审查委员会的成员均为教育部正式聘请。赵演还整理了心理学仪器名词 1000 多条，从中选择了重要的 287 条仪器名称和普通心理学名词一并送审。1937 年 1 月 19 日在国立编译馆举行由各审查委员会成员参加的审查会议，最后审查通过了 2000 多条普通心理学名词，100 多条心理学仪器名词（后来并入普通心理学名词之中）。1937 年 3 月 18 日教育部正式公布审查通过的普通心理学名词。1939 年 5 月商务印书馆刊行了《普通心理学名词》。赵演空难离世，致使原本拟定的变态心理学、生理心理学和应用心理学名

---

① 潘菽：《审查心理学名词的原则》，载《心理学半年》1936 年第 3 卷 1 期。

词的审定工作中止了,当然,全面抗战的爆发也是此项工作未能继续下去的重要原因。

四、中国本土化:中国现代心理学的目标

早在1922年《心理》杂志的发刊词中就明确提出:"中华心理学会会员研究心理学是从三方面进行:一、昌明国内旧有的材料;二、考察国外新有的材料;三、根据这两种材料来发明自己的理论和实验。办这个杂志,是要报告他们三方面研究的结果给大家和后世看。"① "发明自己的理论和实验"为中国早期心理学者提出了发展的方向和目标,就是要实现心理学的中国本土化。

自《心理》杂志创刊之后,有一批心理学文章探讨了中国传统文化中的心理学思想,例如余家菊的《荀子心理学》、汪震的《戴震的心理学》和《王阳明心理学》、无观的《墨子心理学》、林昭音的《墨翟心理学之研究》、金抟之的《孟荀贾谊董仲舒诸子性说》、程俊英的《中国古代学者论人性之善恶》和《汉魏时代之心理测验》、梁启超的《佛教心理学浅测》等。② 这些文章在梳理中国传统文化中心理学思想的同时,还提出建设"中国心理学"的本土化意识。汪震在《王阳明心理学》一文中提出:"我们研究中国一家一家心理的目的,就是想造成一部有

---

① 《本杂志宗旨》,载《心理》1922年第1卷1号。
② 张耀翔:《从著述上观察中国心理学之研究》,载《图书评论》1933年第1期。

系统的中国心理学。我们的方法是把一家一家的心理学用科学方法整理出来,然后放在一处作一番比较,考察其中因果的关系,进一步的方向,成功一部中国心理学史。"① 景昌极在《中国心理学大纲》一文更为强调中国"固有"的心理学:"所谓中国心理学者,指中国固有之心理学而言,外来之佛教心理学等不与焉。"② 与此同时,中国早期心理学家还从多个维度上开展了面向中国人生活文化与实践的心理学考察和研究,为构建中国人的心理学或者说中国心理学进行了早期探索工作。例如,张耀翔以中国的八卦和阿拉伯数字为研究素材,用来测验中国人学习能力,尤其是学习中国文字的能力。③ 又如,罗志儒对1600多中国名人的名字进行等级评定,分析了名字笔画、意义、词性以及是否单双字与出名的关系。④ 再如,陶德怡调查了《康熙字典》中形容善恶的汉字,并予以分类、比较,由此推测国民对于善恶的心理,以及国民道德的特色和缺点,并提出了改进国民道德的建议。⑤ 这些研究并非是单纯的文本分析,既有利用中国传统文化中的资料为研究素材所开展的探讨,也有利用现实生活的资料为素材,探讨中国人的心理与行为规律。从这些研究中,我们可以看出中国早期开展的心理学研究对中西方

---

① 汪震:《王阳明心理学》,载《心理》1924年第3卷3号。
② 景昌极:《中国心理学大纲》,载《学衡》1922年第8期。
③ 张耀翔:《八卦研究》,载《心理》1922年第1卷2号。
④ 罗志儒:《出名与命名的关系》,载《心理》1924年第3卷第4号。
⑤ 引自阎书昌:《中国近现代心理学史(1872—1949)》,上海:上海教育出版社2015年版,第193页。

文化差异的关注和探索，对传统文化和生活实践的重视。

到了20世纪30年代，中国心理学在各个领域都取得了长足的发展，一些心理学家开始总结过去20年发展的经验和不足，讨论中国心理学到底要走什么样的道路。1933年，张耀翔在《从著述上观察中国心理学之研究》一文中写道："'中国心理学'可作两解：（一）中国人创造之心理学，不拘理论或实验，苟非抄袭外国陈言或模仿他人实验者皆是；（二）中国人绍介之心理学，凡一切翻译及由外国文改编，略加议论者皆是。此二种中，自以前者较为可贵，惜不多见，除留学生数篇毕业论文（其中亦不尽为创作）与国内二三大胆作者若干篇'怪题'研究之外，几无足述。"① 可见，张耀翔明确提出要发展中国人自己的心理学。同年，汪敬熙在《中国心理学的将来》一文中提出了中国心理学的发展方向问题："心理学并不是没有希望的路走……中国心理学可走的路途可分理论的及实用的研究两方面说。……简单说来，就国际心理学界近来的趋势，和我国心理学的现状看去，理论的研究有两条有希望的路。一是利用动物生态学的方法或实验方法去详细记载人或其他动物自受胎起至老死止之行为的发展。在儿童心理学及动物心理学均有充分做这种研究的机会。这种记载是心理学所必需的基础。二是利用生理学的智识和方法去做行为之实验的分析"②，而实用的研究这条路则是工业心理的研究。汪敬熙的研究思想及成果对我

---

① 张耀翔：《从著述上观察中国心理学之研究》，载《图书评论》1933年第1期。

② 汪敬熙：《中国心理学的将来》，载《独立评论》1933年第40号。

国心理学的生理基础领域研究有着深远的影响。1937年,潘菽在《把应用心理学应用于中国》一文中提出:"我们要讲的心理学,不能把德国的或美国的或其他国家的心理学尽量搬了来就算完事。我们必须研究我们自己所要研究的问题。研究心理学的理论方面应该如此,研究心理学的应用方面更应该如此。"只有"研究中国所有的实际问题,然后才能有贡献于社会,也只有这样,我们才能使应用心理学在中国发达起来。……我们以后应该提倡应用的研究,但提倡的并不是欧美现有的应用心理学,而是中国实际所需要的应用心理学。"①

上述这些论述包含着真知灼见,其背后隐含着我国第一代心理学家对心理学在中国的本土化和发展中国人自己心理学的情怀。发展中国的心理学固然需要翻译和引介西方的心理学,模仿和学习国外心理学家开展研究,但这并不能因此而忽视、漠视中国早期心理学家本土意识的萌生,并进而促进中国心理学的自主性发展。② 在中国现代心理学的各个领域分支中,都有一批心理学家在执着于面向中国生活的心理学实践工作的开展,其中有两个最能反映中国第一代心理学家以本土文化和社会实践为努力目标进行开拓性研究并取得丰硕成果的领域:一是汉字心理学研究,二是教育与心理测验。

---

① 潘菽:《把应用心理学应用于中国》,载《心理半年刊》1937年第4卷1期。

② Blowers, G. H., Cheung, B. T., & Han, R., Emulation vs. indigenization in the reception of western psychology in Republican China: An analysis of the content of Chinese psychology journals (1922—1937). *Journal of the History of the Behavioral Sciences*. 2009, 45 (1).

汉字是中国独特的文化产物。以汉语为母语的中国人在接触西方心理学的过程中很容易唤起本土研究的意识，引起那些接受西方心理学训练的中国留学生的关注，并采用科学的方法对其进行研究。20世纪20年代前后中国国内正在兴起新文化运动，文字改革的呼声日渐高涨。最早开展汉字心理研究的是刘廷芳于1916—1919年在美国哥伦比亚大学所做的六组实验，其被试使用了398名中国成年人，18名中国儿童，9名美国成年人和140名美国儿童。① 其成果后来于1923—1924年在北京出版的英文杂志《中国社会与政治学报》(*The Chinese Social and Political Science Review*) 上分次刊载。1918年张耀翔在哥伦比亚大学进行过"横行排列与直行排列之研究"②，1919年高仁山（Kao, J. S.）与查良钊（Cha, L. C.）在芝加哥大学开展了汉语和英文阅读中眼动的实验观察，1920年柯松以中文和英文为实验材料进行了阅读效率的研究。③ 自1920年起陈鹤琴等人花了三年时间进行语体文应用字汇的研究，并根据研究结果编成中国第一本汉字查频资料即《语体文应用字汇》，开创了汉字字量的科学研究之先河，为编写成人扫盲教材和儿童课本、读物提供了用字的科学依据。1921—1923年周学章在桑代克的指

---

① 周先庚：《美人判断汉字位置之分析》，载《测验》1934年第3卷1期。

② 艾伟：《中国学科心理学之发展》，载《教育心理研究》1940年第1卷3期。

③ Tinker, M. A., Physiological psychology of reading. *Psychological Bulletin*, 1931, 28 (2). 转引自陈汉标：《中文直读研究的总检讨》，载《教育杂志》1935年第25卷10期。

导下进行"国文量表"的博士学位论文研究，1922—1924年杜佐周在爱荷华州立大学做汉字研究。1923—1925年艾伟在华盛顿大学研究汉字心理，他获得博士学位回国后，一直致力于汉语的教与学的探讨，其专著《汉字问题》（1949）对提高汉字学习效能、推动汉字简化以及汉字由直排改为横排等，均产生了重要影响。1925—1927年沈有乾在斯坦福大学进行汉字研究并发表了实验报告，他是利用眼动照相机观察阅读时眼动情况的早期研究者之一。1925年赵裕仁在国内《新教育》杂志上发表了《中国文字直写横写的研究》，1926年陈礼江和卡尔在美国《实验心理学杂志》上发表关于横直读的比较研究。同一年，章益在华盛顿州立大学完成《横直排列及新旧标点对于阅读效率之影响》的研究，蔡乐生（Loh Seng，Tsai）在芝加哥大学设计并开展了一系列的汉字心理研究，并于1928年与亚伯奈蒂（E. Abernethy）合作发表了《汉字的心理学Ⅰ：字的繁简与学习的难易》一文①，其后又分别完成了"字的部首与学习之迁移""横直写速率的比较""长期练习与横直写速率的关系"等多项实验研究。蔡乐生在研究中从笔画多少以及整体性的角度，首次发现和证明了汉字心理学与格式塔心理学的关联性。② 1925年周先庚于入学斯坦福大学之后，在迈尔斯指导下开展了汉字阅读心理的系列研究。他关于汉字横竖排对阅读影响的实验结

---

① 阎书昌：《中国近现代心理学史（1872—1949）》，上海：上海教育出版社2015年版，第162页。
② 蔡乐生：《为〈汉字的心理研究〉答周先庚先生》，载《测验》1935年第2卷2期。

果,证实了决定汉字横竖排利弊的具体条件。他并没有拘泥于汉字横直读的比较问题上,而是探索汉字位置和阅读方向的关系。周先庚受格式塔心理学的影响,从汉字的组织性视角来审视,一个汉字与其他汉字在横排上的格式塔能否迁移到竖排汉字的格式塔上,以及这种迁移对阅读速度影响大小的问题。他提出汉字分析的三个要素,即位置、方向及持续时间,其中位置是最为重要的要素。① 他在美国《实验心理学杂志》和《心理学评论》上分别发表了四篇实验报告和一篇理论概括性文章。他还热衷于阅读实验仪器的设计与改良,曾发明四门速示器(Quadrant Tachistocope)专门用于研究汉字的识别与阅读。

1920年前后有十多位心理学家从事汉字心理学的相关研究,其中既有中国留学生在美国导师指导下进行的研究,也有国内学者开展的研究,研究的主题多为汉字的横直读与理解、阅读效率等问题,这与当时新文化运动中革新旧文化和旧习惯思潮有着紧密联系,同时也受到东西方文字碰撞的影响,因为中国旧文字竖写,而西方文字横写,两种文字的混排会造成阅读的困扰。这些心理学家在当时开展汉字的心理学研究的方法涉及速度记录法、眼动记录、速示法、消字法等多种方法,而且还有学者专门为研究汉字研制了实验仪器,利用的中国语言文字材料涉及文言文散文、白话散文、七言诗句等,从而在国际心理学舞台上开创了一个崭新的研究领域,对于改变汉字此前在西方心理学研究之中仅仅被用作西方人不认识的实验材料的局

---

① Chou, S. K., Reading and legibility of Chinese characters. *Journal of Experimental Psychology*. 1929, 12 (2).

面具有重要的意义。① 汉字心理学研究对推动心理学的中国本土化作出了重要贡献，同时也为国内文字改革提供了科学的实验依据，正如蔡乐生所说："我向来研究汉字心理学的动机是在应用心理学实验的技术，求得客观可靠的事实，来解决中国字效率的问题。"②

在中国现代心理学发展历程中一向重视心理测验工作，测验一直与教育有着密切联系，在此基础上，逐渐向其他领域不断扩展。在20世纪20年代，仅《心理》杂志就刊载智力测验类文章14篇，教育测验类文章11篇，心理测验类文章3篇，职业测验类文章1篇。另外，还介绍其他杂志上测验类文章57篇。这反映了20年代初期国内心理与教育测验发展迅猛。

陈鹤琴与廖世承最早开拓了中国现代心理与教育测验事业，大力倡导、践行这一领域的工作。陈鹤琴在国内较早发表了《心理测验》③《智力测验的用处》④ 等文章。1921年他与廖世承合著的《智力测验法》是我国第一部心理测验方面著作。该书介绍个人测验与团体测验，其中23种直接采用了国外的内容，12种根据中国学生的特点自行创编。该书被时任南京高师校长

---

① 例如1920年赫尔（Clark Leonard Hull）、1923年郭任远都曾利用汉字做过实验素材。
② 蔡乐生：《为〈汉字的心理研究〉答周先庚先生》，载《测验》1935年第2卷2期。
③ 陈鹤琴：《心理测验》，载《教育杂志》1921年第13卷1期。
④ 陈鹤琴：《智力测验的用处》，载《心理》1922年第1卷1号。

郭秉文赞誉为："将来纸贵一时，无可待言。"① 陈鹤琴还自编各种测验，如"陈氏初小默读测验""陈氏小学默读测验"等。他的默读测验、普通科学测验和国语词汇测验被冠以"陈氏测验法"。② 后又著有《教育测验与统计》（1932）和《测验概要》（与廖世承合著，1925）等。③ 廖世承在团体测验编制上贡献最大，1922年美国哥伦比亚大学心理学教授、测验专家麦柯尔来华指导编制各种测验，廖世承协助其工作。廖世承编制了"道德意识测验"（1922）、"廖世承团体智力测验"（1923）、"廖世承图形测验"（1923）和"廖世承中学国语常识测验"（1923）等。1925年他与陈鹤琴合著的《测验概要》出版，该书强调从中国实际出发，"书中所举测验材料，大都专为适应我国儿童的"。④ 该书奠定了我国中小学教育测验的基础，在当时处于领先水平。这一年也被称为"廖氏之团体测验年"，是教育测验上的一大创举。⑤ 1924年，陆志韦从中国实际出发，主持修订《比纳-西蒙量表》，并公布了《订正比纳-西蒙智力测验说明书》。

---

① 北京市教育科学研究所编：《陈鹤琴全集》（第5卷），南京：江苏教育出版社1991年版，第384页。

② 据《中华教育改进社第三次会务报告》记载，截至1924年6月，该社编辑出版的19种各类学校测验书籍中，陈鹤琴编写的中学、小学默读测验和常识测验书籍有5本。

③ 北京市教育科学研究所编：《陈鹤琴全集》（第5卷），南京：江苏教育出版社1991年版，第653页。

④ 北京市教育科学研究所编：《陈鹤琴全集》（第5卷），南京：江苏教育出版社1991年版，第653页。

⑤ 许祖云：《廖世承、陈鹤琴〈测验概要〉：教育测验的一座丰碑》，载《江苏教育》2002年19期。

1936年，陆志韦与吴天敏合作，再次修订《比纳-西蒙测验说明书》，为智力测验在我国的实践应用和发展起到了推动作用。

1932年，《测验》杂志创刊，对心理测验与教育测验工作产生了极大地推动作用，在该杂志上发表了许多文章讨论测验对中国教育的价值和功用。在我国心理测验的发展历程中，还有一批教育测验的成果，如周先庚主持的平民教育促进会的教育测验成果。20世纪30年代，对心理与教育测验领域贡献最大的是同在中央大学任职的艾伟和萧孝嵘。艾伟从1925年起编制中小学各年级各学科测验、儿童能力测验及智力测验，如"中学文白理解力量表""汉字工作测验"等八种，"小学算术应用题测验""高中平面几何测验"等九种，大、中学英语测验等四种。这些测验的编制，既是中国编制此类测验的开端，也为心理测量的中国化奠定了基础。艾伟还于1934年在南京创办试验学校，直接运用测验于教育，以选拔儿童，因材施教。萧孝嵘于20世纪30年代中期从事各种心理测验的研究。1934年着手修订"墨跋智力量表"，他还修订了古氏（Goodenough）"画人测验"、普雷塞（Pressey）"XO测验"、莱氏（Laird）"品质评定"、马士道（Marston）"人格评定"和邬马（Woodworth-Matheus）"个人事实表格"等量表。抗战全面爆发后，中央大学迁往陪都重庆，他订正数种"挑选学徒的方法"，编制几项"军队智慧测验"。萧孝嵘强调个体差异，重视心理测验在教育、实业、管理、军警中的应用。

五、国际参与性：中国现代心理学的影响

我们完全可以说，我国第一代心理学家的研究水平和国外第二代或第三代心理学家的研究水平是处在同一个起跑线上的，他们取得了极高的学术成就，为我国心理学赢得了世界性荣誉。就中国心理学与国外心理学的差距来说，当时的差距远小于今天的差距。当然，今天的差距主要是中国心理学长期的停滞所造成的结果。中国留学生到国外研修心理学，跟随当时西方著名心理学家们学习和研究，他们当中有人在学习期间就取得了很大成就，产生了国际学术影响。例如，陆志韦应用统计和数学方法对艾宾浩斯提出的记忆问题进行了深入的研究，提出许多新颖的见解，修正了艾宾浩斯的"遗忘曲线"。又如，陈立对其老师斯皮尔曼的G因素不变说提出了质疑，被美国著名心理测验学家安娜斯塔西在其《差异心理学》一书中加以引用。后来心理学家泰勒在《人类差异心理学》一书中将陈立的研究成果评价为G因素发展研究中的转折点。① 下面具体介绍三位在国际心理学界产生更大影响的中国心理学家的主要成就。

（一）郭任远掀起国际心理学界的反本能运动

郭任远在美国读书期间，就对欧美传统心理学中的"本能"学说产生怀疑。1920年在加利福尼亚大学举行的教育心理学研讨会上，他作了题为《取消心理学上的本能说》的报告，次年

---

① 车文博：《学习陈老开拓创新的精神，开展可持续发展心理学的研究》，载《应用心理学》2001年第1期。

同名论文在美国《哲学杂志》上发表。他说："本篇的主旨，就是取消目下流行的本能说，另于客观的和行为的基础上，建立一个新的心理学解释。"① 郭任远尖锐地批评了当时美国心理学权威麦独孤的本能心理学观点，指出其关于人的行为起源于先天遗传而来的本能主张是错误的，认为有机体除受精卵的第一次动作外，别无真正不学而能的反应。该文掀起了震动美国心理学界关于"本能问题"的大论战。麦独孤于1921—1922年撰文对郭任远的批评进行了答辩，并称郭任远是"超华生"的行为主义者。行为主义心理学创始人华生受郭任远这篇论文及其以后无遗传心理学研究成果的影响，毅然放弃了关于"本能的遗传"的见解，逐渐转变成为一个激进的环境决定论者②。郭任远后来说："在1920—1921年的一年间虽然有几篇内容相近的、反对和批评本能的论文发表，但是在反对本能问题上，我就敢说，我是最先和最彻底的一个人。"③

1923年，郭任远因拒绝按照学术委员会的意见修改学位论文而放弃博士学位回国任教④，此后其主张更趋极端，声称不但要否认一切大小本能的存在，就是其他一切关于心理遗传观念和不学而能的观念都要一网打尽，从而建设"一个无遗传的行

---

① Kuo, Z. Y., Giving up instincts in psychology. *The Journal of Philosophy*. 1921, 18 (24).

② Hothersall, D., *History of Psychology (Fourth Edition)*. New York: McGraw-Hill, 2004, p. 482.

③ 郭任远：《心理学与遗传》，上海：商务印书馆1929年版，第237页。

④ 1936年，在导师托尔曼的帮助下，郭任远重新获得博士候选人资格，并获得博士学位。

为科学"。① 他明确指出："（1）我根本反对一切本能的存在，我以为一切行为皆是由学习得来的。我不仅说成人没有本能，即使是动物和婴儿也没有这样的东西。（2）我的目的全在于建设一个实验的发生心理学。"为了给他的理论寻找证据，郭任远做了一个著名的"猫鼠同笼"的实验。该实验证明，猫捉老鼠并不是从娘胎生下来就具有的"本能"，而是后天学习的结果。后来郭任远又以独创的"郭窗"（Kuo window）方法研究了鸡的胚胎行为的发展，即先在鸡蛋壳开个透明的小窗口，然后进行孵化，在孵化的过程中对小鸡胚胎的活动进行观察。该研究证明了，一般人认为小鸡一出生就有啄食的"本能"是错误的，啄食的动作是在胚胎中学习的结果。这些实验在今天仍被人们奉为经典。郭任远于1967年出版的专著《行为发展之动力形成论》②，用丰富的事实较完善地阐述了他关于行为发展的理论，一时轰动西方心理学界。

在郭任远逝世2周年之际，1972年美国《比较与生理心理学》杂志刊载了纪念他的专文《郭任远：激进的科学哲学家和革新的实验家》，并以整页刊登他的照片。该文指出："郭任远先生的胚胎研究及其学说，开拓了西方生理学、心理学新领域，尤其是对美国心理学的新的理论研究开了先河，有着不可磨灭的贡献。""他以卓尔不群的姿态和勇于探索的精神为国际学术

---

① Kuo, Z. Y., A psychology without heredity. *The Psychological Review*. 1924, 31 (6), pp. 427—448.

② Kuo, Z. Y., *The dynamics of behavior development: An epigenetic view*. New York: Random House. 1967.

界留下一笔丰厚的精神财富"。① 这是《比较与生理心理学》创刊以来唯一一次刊文专门评介一个人物。郭任远是被选入《实验心理学100年》一书中唯一的中国心理学家②，他也是目前唯一一位能载入世界心理学史册的中国心理学家。史密斯（N. W. Smith）在《当代心理学体系——历史、理论、研究与应用》（2001）一书的第十三章中，将郭任远专列一节加以介绍。③

（二）萧孝嵘澄清美国心理学界对格式塔心理学的误解

格式塔心理学是西方现代心理学的一个重要派别，最初产生于德国，其三位创始人是柏林大学的惠特海墨、苛勒和考夫卡。1912年惠特海墨发表的《似动实验研究》一文是该学派创立的标志。1921年他发表的《格式塔学说研究》一文是描述该学派的最早蓝图。1922年考夫卡据此文应邀为美国《心理学公报》撰写了一篇《知觉：格式塔理论引论》④，表明了三位领导人的共同观点，引起美国心理学界众说纷纭。当时美国心理学界对于新兴的格式塔运动还不甚了解，甚至存在一些误解。针对这种情况，正在美国读书的中国学生萧孝嵘，于1927年在哥伦比亚大学获得硕士学位后即前往德国柏林大学，专门研究格

---

① Gottlieb. G., Zing-Yang Kuo：Radical Scientific Philosopher and Innovative Experimentalist（1898—1970）. *Journal of Comparative and Physiological Psychology*. 1972, 8 (1).

② 马前锋：《中国行为主义心理学家郭任远——"超华生"行为主义者》，载《大众心理学》2006年第1期。

③ Smith, N. W. 著，郭本禹等译：《当代心理学体系》，西安：陕西师范大学出版社2005年版，第332—336页。

④ Koffka, K., Perception：An introduction to Gestalt-theorie. *Psychological Bulletin*. 1922, 19.

式塔心理学。他于次年在美国发表了两篇关于格式塔心理学的论文《格式塔心理学的鸟瞰观》[1]和《从1926年至1927年格式塔心理学的某些贡献》[2],比较系统明晰地阐述了格式塔心理学的主要观点和最新进展。这两篇文章在很大程度上澄清了美国心理学界对格式塔心理学的错误认识,受到著名的《实验心理学史》作者、哈佛大学心理学系主任波林的好评。同一年他将其中的《格式塔心理学的鸟瞰观》稍作增减后在国内发表。[3] 此文引起在我国最早译介格式塔心理学的高觉敷的关注,他建议萧孝嵘撰写一部格式塔心理学专著,以作系统深入的介绍。萧孝嵘于1931年在柏林写就《格式塔心理学原理》,他在此书"缘起"中指出:"往岁上海商务印书馆高觉敷先生曾嘱余著一专书……此书之成,实由于高君之建议。""该书专论格式塔心理学之原理。这些原理系散见于各种著作中,而在德国亦尚未有系统的介绍。"[4] 这本著作是我国心理学家在1949年之前出版的唯一一本有关格式塔心理学原理的著作,在心理学界产生了很大的影响。当时在美国有关格式塔心理学原理的著作,仅有苛勒以英文撰写的《格式塔心理学》(*Gestalt Psychology*)于

---

[1] Hsiao, H. H., A suggestive review of Gestalt psychology. *Psychological Review*. 1928, 35 (4).

[2] Hsiao, H. H., Some contributions of Gestalt psychology from 1926 to 1927. *Psychological Bulletin*. 1928, 25 (10).

[3] 萧孝嵘:《格式塔心理学的鸟瞰观》,载《教育杂志》1928年第20卷9号。

[4] 萧孝嵘:《格式塔心理学原理》,上海:国立编译馆1934年版,"缘起"第1页。

1929年出版，而考夫卡以英文写作的《格式塔心理学原理》（*Principles of Gestalt Psychology*）则迟至1935年才问世。

（三）戴秉衡继承精神分析社会文化学派的思想

戴秉衡（Bingham Dai）于1929年赴芝加哥大学学习社会学，1932年完成硕士学位论文《说方言》。他在分析过若干说方言者的"生命史"与"文化模式"之后，提出一套"社会心理学"的解释："个体为社会不可分割之部分，而人格是文化影响的产物。"① 同年，戴秉衡在攻读芝加哥大学社会学博士学位时，结识并接受精神分析社会文化学派代表人物沙利文的精神分析，沙利文还安排他由该学派的另一代表人物霍妮督导。沙利文和霍妮都反对弗洛伊德的正统精神分析，提出了精神分析的社会文化观点，像他的导师们一样，戴秉衡不仅仅根据内心紧张看待人格问题，而是从社会文化背景理解人格问题。② 1936年至1939年，戴秉衡在莱曼（Richard S. Lyman）任科主任的私立北平协和医学院（北京协和医学院的前身）神经精神科从事门诊、培训和研究工作。拉斯威尔在1939年的文章指出，受过社会学和精神分析训练的戴秉衡在协和医学院的工作为分析"神经与精神症人格"，借以发现"特定文化模式整合入人格结构中

---

① 转引自王文基：《"当下为人之大任"——戴秉衡的俗人精神分析》，载《新史学》2006年第17卷第1期。

② Blowers, G., Bingham Dai, Adolf Storfer, and the tentative beginnings of psychoanalytic culture in China, 1935－1941. *Psychoanalysis And History*. 2004, 6 (1).

之深度"。①

1939年，戴秉衡返回美国，先后在费斯克大学、杜克大学任教。此后，他以在北平协和医学院工作期间收集到的资料继续沿着沙利文的思想进行研究，发表了多篇论文，成为美国代表沙利文学说的权威之一。他在《中国文化中的人格问题》②一文中分析了中国患者必须面对经济与工作、家庭、学业、社会、婚外情等社会问题。他在《战时分裂的忠诚：一例通敌研究》③一文提出疾病来自于社会现实与自我的冲突，适应是双向而非单向的过程，也提出选择使用"原初群体环境"概念取代弗洛伊德的"俄狄浦斯情结"。他重点关注文化模式与人格结构之间的互相作用，并不重视弗洛伊德主张童年经验对个体以后心理性欲发展影响的观点，他更加关注的是"当下"。他也不赞同弗洛伊德的潜意识和驱力理论，始终从意识、社会意识、集体意识出发，思考精神疾病的起因及中国人格结构的生成。他还创立了自己独特的分析方法，被称为"戴分析"（Daianalysis）。据曾在杜克大学研修过的我国台湾叶英堃教授回忆："在门诊部进修时，笔者被安排接受Bingham Dai教授的'了解自己'的分析会谈……Dai（戴）教授是中国人，系中国大陆北京协和医院

---

① 转引自王文基：《"当下为人之大任"——戴秉衡的俗人精神分析》，载《新史学》2006年第17卷第1期。

② Dai, B., Personality problems in Chinese culture. American Sociological Review. 1941, 6 (5).

③ Dai, B., Divided loyalty in war: A study of cooperation with the enemy. Psychiatry: Journal of the Biology and Pathology of Interpersonal Relationships. 1944, 7 (4).

的心理学教授……为当时在美国南部为数还少的 Sullivan 学说权威学者之一。"①

六、名著丛编：中国现代心理学的掠影

我国诸多学术史研究都存在"远亲近疏"现象。就我国的心理学史研究来说，对中国古代心理学史和外国心理学史研究较多，而对中国近现代心理学史研究较少。中国近现代心理学史研究一直相对粗略，连心理学专业人士对我国第一代心理学家的生平和成就的了解都是一鳞半爪，知之甚少。新中国成立后，由于长期受到左倾思想的影响，心理学不受重视乃至遭到批判甚至被取消，致使大多数主要学术活动在民国期间进行的中国第一代心理学家受到错误批判，一部分新中国成立前夕移居台湾和香港地区或国外的心理学家的研究与思想，在过去较长一段时期内，更是人们不敢提及的研究禁区。这不能不说是我国心理学界的一大缺憾！民国时期的学术是中国现代学术史上成就极大的时期，当时的中国几乎成为世界学术的缩影。就我国心理学研究水平而言，更是如此。中国现代心理学作为现代学科体系中重要的组成部分，正是在民国期间确立的，它是我国当代心理学发展的思想源头，我们不能忘记这一时期中国心理学的学术成就，不能忘记中国第一代心理学家的历史贡献。

---

① 王浩威：《1945 年以后精神分析在台湾的发展》，载施琪嘉、沃尔夫冈·森福主编：《中国心理治疗对话·第 2 辑·精神分析在中国》，杭州：杭州出版社 2009 版，第 76 页。

我国民国时期出版了一批高水平、有影响力的心理学著作①，它们作为心理学知识的载体对继承学科知识、传播学科思想、建构中国人的心理学文化起到了重要作用。但遗憾的是，民国期间的心理学著作大多数都被束之高阁，早已被人们所忘却。我们编辑出版的这套"二十世纪中国心理学名著丛编"，作为民国时期出版的心理学著作的一个缩影或窗口，借此重新审视和总结我国这一时期心理学的学术成就，以推进我国当前心理学事业的繁荣和发展。"鉴前世之兴衰，考当今之得失"，这正是我们编辑出版这套"丛编"的根本出发点。

这套"丛编"的选编原则是：第一，选编学界有定评、学术上自成体系的心理学名作；第二，选编各心理学分支领域的奠基之作或扛鼎之作；第三，选编各心理学家的成名作品或最具代表之作；第四，选编兼顾反映心理学各分支领域进展的精品力作；第五，选编兼顾不同时期（1918—1949）出版的心理学优秀范本。

郭本禹、阎书昌

2017年7月18日

---

① 北京图书馆依据北京图书馆、上海图书馆和重庆图书馆馆藏的民国时期出版的中文图书所编的《民国时期总书目》（1911—1949），基本上反映了这段时期中文图书的出版面貌，是当前研究民国时期图书出版较权威的工具书。它是按学科门类以分册形式出版的，根据对其各分册所收录的心理学图书进行统计，民国时期出版的中文心理学图书共计560种，原创类图书约占66%，翻译类图书约占34%。参见何姣、胡清芬：《出版视阈中的民国时期中国心理学发展史考察——基于民国时期心理学图书的计量分析》，载《心理学探新》2014年第2期。

特邀编辑前言

郭任远：一个孤勇者和他的行为主义时代

> 从求学的过程讲，过疑远胜过过信。曾经过大怀疑而得到的信仰才是真信仰，用选择批判的方法去获取的信仰才是坚定的信仰。怀疑是信仰的开端，选择与批评才是鉴定信仰的方法。
>
> ——郭任远，1929

1 生平简介

1.1 夜袭神衣，少年历险

郭任远，字陶夫，1898年出生于广东省潮阳县铜盂村（今汕头市潮阳区铜盂村）的一个富商家庭，从小便受到了良好的家庭教育。郭任远极其早慧，天性中带有强烈的反叛精神，这使得他从小在思想和行动上带有一种非凡的独立性。例如，当他还是十几岁的孩子时，他就剪掉了脑后的辫子——隶从于外族的象征——并且参与了他出生所在村庄开展的社会改革的竞选。为了反抗鬼神崇拜背后隐藏的迷信，在一个堪比《汤姆·

索亚历险记》的惊险桥段中，他与同学一起夜袭神衣，任由神像内部的稻草和泥土暴露。随后，郭任远在溪边赤脚涉水，不料踩上碎瓷片严重割伤了脚底。村子里的老妪们在他们耳边叮嘱与劝诫："神明有眼。"她们警告村里的孩子不要学郭任远的样子，否则冒犯神灵一定会受到惩罚（Gottlieb，1972）。然而，郭任远对此不屑一顾。

1.2 留学加州，剑指权威

之后，郭任远就读于潮安金山中学。1916 年，郭任远考入当时私立的上海复旦大学。1918 年郭任远决定从大学肄业，并负笈美国旧金山湾区伯克利市的美国加州大学伯克利分校（University of California at Berkeley）深造。在哲学与物理学之间徘徊了一段时间后，他选定心理学为专业。同年，著名心理学家、新行为主义的旗手——爱德华·托尔曼（Edward Chase Tolman）[①] 教授亦被伯克利分校聘任，讲授比较心理学，并成为了郭任远的导师。1921 年郭任远毕业，1921—1922 年于加州大学伯克利分校任助教，并完成哲学博士所需的全部学业。

由于勤奋好学、善于思考、勇于质疑权威，郭任远深得他的老师托尔曼的赏识。1920 年秋，在加州大学举行的教育心理学研讨会上，22 岁的郭任远作了《取消心理学中的本能说》（Giving up Instincts in Psychology）的学术报告，批评的锋芒

---

① 爱德华·托尔曼（Edward Chase Tolman，1886—1959），美国心理学家，新行为主义代表人物之一。他的认知学习理论促进了认知心理学及信息加工理论的产生和发展，被认为是认知心理学的起源之一。1937 年当选为美国国家科学院院士，同年当选为美国心理学会主席，1957 年获美国心理学会颁发的杰出科学贡献奖。

直指当时心理学界权威、哈佛大学心理系主任麦独孤（W. McDougall）。同年冬，他将根据该报告整理的论文以"Zing-Yang Kuo"①为署名寄给美国权威刊物《哲学杂志》（*Journal of Philosophy*），不过由于文章观点的"出格"，该杂志直到1921年11月才将其发表。文章刊出后，立即震惊了美国心理学界，麦独孤专门在《变态和社会心理学杂志》（*Journal of Abnormal and Social Psychology*）发表了一篇48页的长文对此进行了回应，并将郭任远描绘成"超华生"（Out-Watsons Mr. Watson）的行为主义者。虽然，当时有一些学者对本能说产生了怀疑，但因迟迟找不到证据或慑于传统的权威，都

---

① 有趣的是，郭任远在发表该文时并没有用他原名的发音 Guo Renyuan（或 KuoJen Yuan），而是选择了 Kuo Zing-Yang。此前有说法是他认为后者更接近潮汕方言的发音。不过，按照 Blowers（2001）的观点，这是因为他觉得英语母语使用者不容易发好前者的音。对于"Zing-Yang"的含义，Gottlieb（1972）大致将其翻译为是"永恒的使命"（enduring mission）。我们猜想对应着中文语境中的"任重道远"，这一点得到 Honeycutt（2011）的印证："当我们纵观郭任远整个学术生涯不难发现，他内心始终秉承一个坚定的目标。即，支持一种与自然科学相一致的有关行为的彻底客观、严格的实验科学。"

没有勇气站出来表明自己的观点①。无疑，郭任远就如同安徒生童话《皇帝的新装》中那个果敢的小男孩，他的文章掀起了1921—1922年美国心理学界的反本能运动（The Anti-Instinct Movement）② 浪潮，其荡起的涟漪一直持续十余年，麦独孤、华生（J. B. Watson）、桑代克（E. L. Thorndike）、托尔曼、伍德沃斯（R. S. Woodworth）等一大批后来享誉世界的心理学巨擘也卷入这场论战（陈巍等，2021）。然而，毕业前夕，郭任远特立独行的人格特质再一次锋芒毕露。由于与校方在论文修改上意见相左，他决绝地放弃了博士候选人的身份，并于论文答辩之前归国③。

---

① 这一时期反本能运动的代表性论文包括：郭任远的《我们的本能是怎样获得的？》(*How are Our Instincts Acquired?*) 与《我们必须放弃心理学中的本能吗？》(*Must we Give up Instincts in Psychology?*)，邓拉普（K. Dunlap）的《是否存在本能？》(*Are there any instinct?*)，伯纳德（L. L. Bernard）的《社会科学之中本能的滥用》(*The Misuse of Instinct in Social Science*)，法里斯（E. Faris）的《本能是假说抑或是事实？》(*Is Instinct a Hypothesis or a Fact?*)，亨特（W. S. Hunter）的《本能的修正》(*The Modification of Instinct*)，艾尔斯（C. E. Ayres）的《本能和能力》(*Instinct and Capacity*) 等。

② 郭任远在《心理学与遗传》书中第六章《反对心理遗传的运动的经过》详细回顾了反遗传运动，而在《郭任远心理学论丛》的《反对本能运动的经过和我最近的主张》提及反本能运动，也对两场运动的时间、经过、参与人员等叙述一致。因此可以基本认定郭任远所表述的反本能运动就是反遗传运动，这也吻合郭任远对本能和遗传之间关系的表述。

③ 郭任远的博士论文答辩定于12月12日，论文收藏于伯克利的班克罗夫特图书馆（Bancroft Library at Berkeley），但仅有1923年出版文章的复印版，文章夹于封皮和索引页之间，索引页上有答辩委员会的印刷体姓名。这篇文章极有可能是他提交的博士论文（Blowers，2001）。

1.3 愤然回国，复旦立业

1923 年春，郭任远踏上了故国的土地。归国前，蔡元培曾予以聘书邀其去北京大学任心理学教授一职。然归国小居上海之际，复旦大学几名学生奉校长李登辉之名，邀郭任远到母校任职，适逢蔡元培离职北京大学，郭任远遂决定前往复旦大学担任教职并被聘为教授。翌年，他出任副校长。1924 年 7 月至 1926 年 3 月，李登辉往南洋募款，郭任远开始代理校长职务。1924 年 2 月，经郭任远提议，复旦大学修改学制系统，设大学部和附属中学两部，创办心理学系，心理学系在行政方面独立，不再隶属理科，同时开始筹建心理学院。1925 年，郭任远从族人郭子彬、郭辅庭募款，并争取庚子赔款教育基金团的补助，筹建了一座 4 层大楼供心理学教学与实验之用。该楼被称为"子彬院"。

据当时《申报》称，该楼的规模位居世界大学心理学院第三位，仅次于苏联巴甫洛夫研究所和美国普林斯顿大学心理学院。在郭任远的领导下，复旦大学心理学院呈现出一派生气勃勃的景象。他招揽了国内顶尖的学者，如唐钺、蔡翘、蔡堡、许襄、李汝祺等人到学院任教，他们中 7 位具有博士学位，加上郭任远共 8 位博士，在当时全国教育界享有"一院八博士"之誉。那时的心理学院，群贤毕至，英才济济。一个学院聚集着如此之多的心理学家，是当时中国任何一所大学都无法抗衡的。在教学和科研中，郭任远推广了一种全新的教学方式，即研究性学习。他将阅读英文原著、小组报告、提出己见结合在一起，使学生自由探索。在这样的教学方式下，心理学院培养出了一批杰出的学子。例如，心理学家胡寄南，胚胎生物学家童第周，生理学家冯德培、沈霁春、徐丰彦，神经解剖学家卢于道、朱鹤年等。此外，为培养学生的实践能力，郭任远还创办了复旦大学实验中学作为实验基地。这一时期，郭任远继续推进自己的激进行为主义思想，在世界心理学权威期刊《心理学评论》(*Psychological Review*)发表了《一个无遗传的心理学》，明确提出否认本能、取消遗传的激进行为主义观点，逐渐成长为世界心理学界反本能运动的"缔造者"(architect)(Johnston, 2015, p. 13)之一。

1.4 宁杭风波，坚持实验

1926年，为专心从事科研，郭任远辞去复旦大学副校长一职。此后的十年中，郭任远相继在南京中央大学和浙江大学度过了十年的高校管理、教学与科研生涯。1927年，郭任远任教于南京中央大学，1928年于中央研究院设立心理学研究所，并担任所长。1929年，受浙江大学校长陈天放之邀，出任浙江大学生物系主任。1931年，应南京政府教育部长朱家骅之邀，任教于南京中央大学。1933年4月至1936年2月期间，郭任远担任浙江大学校长，在浙大创建了心理学系。1935年，郭任远当选中央研究院第一评议员（1935—1940年期间，郭任远一直任中央研究院院士）。在此期间，他先后在上海、杭州、南京建立了4个动物心理实验室，积极开展实验研究。郭任远设计了著名的"猫鼠同笼"实验，以说明猫捉老鼠不是本能而是后天学习的结果。这项成果以《猫对老鼠反应的起源》(*The Genesis of the Cat's Responses to the Rat*)为题发表在《比较心理学杂志》(*Journal of Comparative Psychology*) 上，再一次引发了国际心理学界的震动 (Kuo, 1930)。

此外，在这一时期，他还系统研究了激素、营养、环境、训练等诸多因素对鹌鹑、鸽子、猴、犬等各类动物搏斗行为发展的影响及种间共存问题①。当然，郭任远这一时期最为重要的一项研究首推的还是他通过观察雏鸡胚胎行为的发生与发展，证明有机体除受精卵的第一次动作外，别无真正不学而能（unlearnedness）的反应。他发明了一种独特的方法，即在蛋壳上开一"天窗"，在不干扰胚胎正常发育的条件下对其行为进行不间断的观察。这一实验技术与成果使郭任远跃升为国际上具有特殊贡献的比较心理学家，他创用的小窗技术也被称为"郭窗"（Kuo window）。基于这些工作，郭任远再一次在《心理学评论》发表了《心理学中反遗传运动的最终结果》(*The Net Result of the Anti-Heredity Movement in Psychology*)，深入总结了自反本能运动开展七年来的观念演变与证据积累，并从认识上深刻地指出了"如果我们仍不愿抛弃心理学中遗传这个概念，

---

① 由于种种鲜为人知的原因，这批实验研究成果《动物搏斗行为之基本因素研究Ⅰ-Ⅶ》(*Studies on the Basic Factors in Animal Fighting*: Ⅰ-Ⅶ) 直到 1960 年才得以在美国《遗传心理学杂志》(*The Journal of Genetic Psychology*) 正式发表。

那么唯一的途径只能是承认活力论①。要么接受活力论,要么接受预成说,本能论者无法避免这样的两重难关。所以凡不愿接受麦独孤的辩护法,那唯有于二者间择一以自居了"(Kuo,1929,p. 193)。

在这十年的教学与科研生涯之中,郭任远还参与心理学学会的组织活动。1931年暑期,郭任远与陈鹤琴、郭一岑、艾伟、萧孝嵘等9人发起组织中华心理学会并于上海举办了筹备会议,后因"九一八"事变,国难当头,此事被搁置下来。1933年,郭任远作为政府任命的校长二度任职于浙江大学。上任伊始,他就开始推行改革,但其改革措施受到部分师生的质疑与反对。1935年12月10日,浙大学生自治会决议响应北平学生"一二·九"运动,郭任远因制止学生运动,进一步加剧了与部分师生之间的冲突,从而导致"驱郭事件"。在1936年2月的行政院第257次例会上,郭任远被迫辞去浙江大学校长的职务。

1.5 二度赴美,孤岛羁客

辞别浙大后,郭任远于1936年11月与北京、上海、南京等地高校心理学者陆志韦、陈立、周先庚、潘菽等34人发起成立了中国心理学会。此后,郭任远二次踏上了赴美之旅,在其博士导师托尔曼的帮助下,重新获得博士候选人资格,并获得

---

① 活力论(Vitalism),又译为生机论、生机说。活力论者的基本立场是:有生命的活组织,它依循的是攸关生机的原理(vital principle),而不是生物化学反应或物理定理。生命的运作,不只是依循物理及化学定律。生命有自我决定的能力。活力论认为生命拥有一种自我的力量(elan vital)。这种力量是非物质的,因此生命无法完全以物理或化学方式来解释它。

博士学位。随后，他相继到加州大学伯克利分校、罗切斯特大学、耶鲁大学奥斯本动物实验室（Osborn Zoological Laboratory）（1937—1938）及华盛顿卡内基研究所（the Carnegie Institution of Washington）（1938—1939）进行胚胎学研究，相关成果以《胚胎神经系统的生理学研究》（*Studies in the Physiology of the Embryonic Nervous System*）系列论文形式相继发表在《实验动物学杂志》（*Journal of Experimental Zoology*）、《比较神经学杂志》（*Journal of Comparative Neurology*）与《神经生理学杂志》（*Journal of Neurophysiology*）。其间，他还曾赴英国、加拿大等国开心理生物学讲座。郭任远的科学成果获得了西方学术界的好评，但这并未为他赢得一份稳定的职业，由于美国旋即卷入第二次世界大战，郭任远的研究计划被迫于1939年中止，于1940年又回到了中国。郭任远第二次正式离美宣告了他作为一名活跃于科研一线学者身份的终结。回国后，郭任远在重庆任中国生理心理研究所所长，后受命主持筹办由教育部与中英庚子赔款董事会合办的中国心理研究所。此后，1941年，获伦敦"大学中国委员会"赞助，郭任远前往英国各著名大学巡回演讲，并于1942—1943年前往美国及加拿大等国约八十个大学及专科学院巡回演讲。1942年，郭任远得到威廉·林肯·汉诺德（William Lincoln Hanonold）基金的赞助，前往伊利诺州诺斯学院讲学半年。

此后的三十余年间，除1963年在美停留数月期间在罗利（Raleigh）帮助吉尔伯特·戈特利布（Gilbert Gottlieb）进行鸭胚胎研究，并在北卡罗来纳州多萝西娅·迪克斯医院（Dorothea

Dix Hospital）开展研究外，郭任远再也没能有机会在实验室中开展他的研究。1943年，郭任远移居香港。1945年，为躲避即将爆发的内战，郭任远举家迁往香港定居，并出任香港大学校董。1963年8月，郭任远在美开展研究之余，还曾前往东部数家大学巡回演讲，其间应邀赴国际心理学及动物学年会演讲。之后，郭任远返港，直至1970年逝世。这一时期，他对自己早年的心理学研究工作进行了总结，并把自己的体会写成了《行为发展之动力形成论》（*The Dynamics of Behavior Development: An Epigenetic View*）。此外，晚年的郭任远还致力于中国国民性的研究，著有《中国人行为之剖析》一书。1970年8月14日，郭任远在香港因病逝世，享年72岁。

2 学术贡献

2.1 取消心理学中的本能说

在郭任远的科学生涯之中，"本能"（Instinct）这一概念占据了举足轻重的位置。他终生致力于反本能的心理学，发表了大量的著作与论文来阐述自己的观点。在《反对本能运动的经过和我最近的主张》一文中，郭任远自述其关于本能的思想变化有三个时期，分别以他的三篇文章为代表：1921年发表的《取消心理学中的本能说》代表第一时期，1922年发表的《我们的本能是如何获得的》代表第二时期，1924年发表的《无遗传的心理学》则是第三时期的标志。

然而，容易被学界忽视的是，在1929年于商务印书馆出版的《心理学与遗传》一书中，郭任远对上述三个阶段及其来龙去脉进行了详细的介绍、阐发、分析、反思与重构,这也标志着郭任远学术思想的成熟(郭任远,1929)。全书共计十章,第一至五章回顾了遗传概念在生物学中的位置及其在心理学中的演变历史与实验证据。第六至十章基于作者立场全面呈现了心理学中反本能运动的全貌,并系统论证了放弃本能与取消遗传的可能性及其对于心理学的意义。

郭任远认为本能是一种习惯的倾向,它是为了适应环境的变化而后天产生的习惯行为。在他看来,新生儿降生后受到外界的刺激,从而产生各种纷乱的动作,在经历社会对于这些动作进行筛选后——对能够满足社会需求的行为进行奖励,对不符合社会需求的行为进行惩罚,新生儿会重复最后能够得到满意结果的行为,在经过一段时间以后,面对该刺激新生儿就会自然而然做出"本能性"动作了,此时,这种动作已经变成了面对该刺激的反动的习惯倾向了。孩童因为年龄小,无法记住曾经影响自己行为习惯养成的周围势力,所以当再次发生时习惯性行为好像是本性中发出来的,也因为此,容易被没有深究其行为产生原因的心理学家极为快速地判定为"本能"(Kuo,1921)。

对这些行为进行深入反思后,郭任远认为,这些行为是机能的组合,看似变化多端、种类繁多,其实只是几个基本元素以不同方式进行组合所得的不同的反动罢了。人们无法发现本能是机能组合的原因还在于本能的命名。由于其命名偏重最后的反动,人们往往注意不到这其中的附属动作和机能组合。对于像"飞本能""性本能"这样在后来才表现出来的本能,并非是突然出现的,它是机能逐渐变化的结果,只是这个过程内隐,为外在观察者无法观察得到罢了。不仅仅是对本能的理论进行了批判,郭任远对本能有关的实验也同样进行了批判。在他看来,由普通观察法所得的结论,凡某项反动足以表示某类动物特性者都可以叫作本能是不可靠的,原因有以下两点:(1)某类动物出现相同的反动是因为其处于相同的环境且得到一种遗传下来的相同动作的方法。动物行为的产生会受到遗传和环境的影响,并非受单一的遗传影响,由此得到的"本能"显然不符合本能普遍认可的定义"不学而能",并非本能。(2)群中的势力也是使得人或者生物行为相同的原因。有些动物本能的实验也是不严谨的。文中举出斯巴定(D. A. Spalding)的鸟飞实验作为例证,斯巴定由未见过鸟飞的鸟在同龄鸟能够飞的时候也能够飞出鸟笼的现象得出鸟有飞翔的本能是错误的:这只鸟能够飞是由于其机能的组合已经成熟(鸟的翅膀发育完整)并且受到了环境对它的要求(斯巴定把它赶出鸟笼强迫它飞)(Spalding,1875)。鸟飞的行为并非是不学而能的,是环境和遗传共同的结果,只是有些没有表现出来反被人认为是不存在(Kuo,1921)。

对主张本能存在作为行为上最重要的东西的心理学家的动机,郭任远对其进行了分类,并逐个进行了批判。

第一种是受达尔文生存竞争和自然选择的影响,认为每个本能都有适应环境的作用。对此,郭任远给出了两条反对的理由:(1)"本能"不可能在每个时代都适用。行为和环境紧密相连,本能和行为也密切相关,随着新环境的变化本能必然要发生改变。(2) 初生的孩子的行为并不适应环境。孩子对危险的刺激进行积极的反应而对有利的环境进行消极的反应,这足以说明人刚出生是无法适应这个社会的。然而按照这类心理学家的观点,由于本能是能够适应环境的行为,而人类有本能,既然初生的孩子是人,其应该有本能,从而适应环境才对。两者矛盾,显然这种观点是错误的(Kuo,1921)。

第二种认为本能是一种冲动,它足以养成重要动力,从而使生物发生各项动作。这是麦独孤等人的观点,他们深信所有人类各项活动的动机皆由本能的发生所致。对此,郭任远给出了两条理由:(1) 初生的小孩子的动作是由外界刺激而生,并非是由体内的动力驱使。(2) 一个生物只有与外界(同族生物以及外族生物)相接触才会有社会性,在社会的带动下才会产生一种冲动。以惠特曼(C. O. Whitman)的鸽子求偶实验为例,郭任远认为实验中的鸽子会向斑鸠求配是因为其生长在斑鸠的环境中,受到群种刺激的结果(Kuo,1921)。而同时期的行为主义心理学家亨特(W. S. Hunter)针对同一实验认为,这个现象是因为求配的本能在初次发现以前已经为习惯所改变。两者的观点似乎一样,但是亨特却是承认本能,认为本能不能改变只能转移,在郭任远的眼中鸽子与同类或者异类甚至是非生命体求配是一样的自然趋势,它是群种的刺激结果,与鸽子的经验有关,并不局限于同类异性,在这种情形中是没有一种本能可以改变的(陈巍等,2021)。

2.2 提出本能说的替代理论

在《我们的本能是如何获得的》这篇文章中,郭任远明确指出了自己反对本能的理由：因为本能是已终结的心理学，它阻碍实验的发生心理学发展。时人"本能"的观念较原始人"神明"的观念多了一层"遗传""反射"的外衣，实则无法用实验找出证据，对于行为的解释并没有多少贡献（Kuo，1922）。

在文章中，他还产生了两个疑问：（1）不学而能的行为是否能证明本能的存在？（2）反动的单位是遗传的还是后天形成的？

对（1），他首先分析了判断"不学而能"的四个标准：①动作系统是否成熟。这是产生不学而能的动作的前提。②若要产生一个"不学而能"的动作，组成新反应的成分动作需要预先练习过。所谓不学而能的动作，其实就是已知动作（或被称作反动单位）的重新组合。③是否存在能够阻碍新组合的抵触的习惯。④是否有外界力促使有机体产生该动作。从他提出的四个标准来看，"不学而能"是由后天经验堆积而成的一个行为，并非是天生的，本能也因此谈不上了。

时人对本能和习惯的区分和研究方向都不一样。一个不假先前练习的动作算是本能，反之算是习惯。而且关于习惯只研究其完成所需错误的次数及其速度，并没有人研究造成新习惯的根本动作系统以及仔细分析促成生物做成这种效果的刺激的原则。本能和习惯之间的界限，郭任远是十分不认可的，不加练习第一次就出现的"本能"与练习了两次才能够实现的"习惯"其实并没有多大差距，仅仅是命名方式上出现了不同罢了。如果按这样的逻辑，鸟第一次试飞如果由于某种原因没有成功，第二次试飞成功，难道鸟就没有飞的本能了吗？在郭看来，本能和习惯之间相隔的巨大鸿沟就是因为当时对"习惯"缺少上述深入研究造成的（Kuo，1922）。

对（2），他认为一部分反动单位是遗传的动作，另外一部分反动单位是有机体在胚胎中形成的最原始最简单的习惯。这些在胚胎中受到的刺激于后来行为的发生都有影响。然而当时对胚胎的心理生活了解过少，只能得知胚胎在母体内受到的刺激对于后来行为的发生都有影响，但是无法判定原始动作的来历。

针对反动单位如何形成本能，郭任远提出了这样的假设：他认为反动单位形成本能有两种方式——同时的组合和连续的组合（Kuo，1922）。

（1）同时的组合，反动单位直接或间接合成一个单一而有组织的反应。它有三种不同的形式：①原始的反动单位成为单一的反应的一种组织。从本质来说，这就是小本能。在这个时期，郭任远并没有完全否认本能，仍然承认这种小本能的存在。②团结已经组合的动作为复杂的动作。这个在人生后期比较常见，人们擅长以自己已经获得的习惯为基本单位来获取新的习惯。③当新的学习性质和已得的习惯不相符合时，不但旧的习惯对于新组织毫无用处，甚至发出阻碍。

（2）连续的组合，各动作有规则次第表现的动作。由于"动力""推动的顺应""决夺的倾向"等名词容易被误解为灵魂主义，在这里郭任远用"行为的安排"来代替。行为的安排是对反应的姿势或预备的态度而言，它使有机体辨别地对不同的刺激进行反应。郭任远在此类中对本能的形成的假设如下：

行为的安排使得有机体产生趋向于确定的终局的反动的反应姿势或身态（Body Attitude），反应姿势或身态形成"反动的腔调"，最终导致与终局反应有关系的感觉刺激的阈值降低，无关刺激的阈值上升，最终产生本能的行为。这个假设借用了反射的结构架势，类似于反射弧，环环相扣。

有机的变动（渴或饿等状态）会扰乱有机体的平衡，行为的安排或反应的姿势或预备的态度（饮与食等动作）这些在形成本能前的中间步骤都依赖于早先的经验。

行为的安排的引起是依赖于一定体内或体外的刺激模型的。由此可见，上述假设并不完整，将其整合起来就是体外（或体内）刺激激活相应的行为安排，相应的行为安排激活相应的反应姿势或身态，相应反应姿态或身态形成的反动的腔调使得与终局反应有关的感觉刺激的阈值降低，无关刺激的阈值上升，最终产生本能的行为。

在连续的组合中，一连串动作的顺序可以变更得很大，甚至会影响他们出现的次序的硬性和确定性，动作的衔接的顺序的固定性以及练习次数的多寡。

有机体所获得的连续的组合（即本能）的类别由环境的性质决定，这一点在《取消心理学中的本能说》中多次提及，郭任远就笼统带过了（Kuo，1921）。

组合的历程同时是一个选择和淘汰动作的历程。婴儿的反动单位的组合数量众多，然而随着时间的推移，由于受到外来环境的影响，反动单位的组合逐渐被淘汰和选择。这个观点不可避免地受到达尔文生物进化论的影响，像众多心理学家一样将生物学的研究结果迁移到心理学中来（Kuo，1922）。

2.3 建立无遗传的心理学

郭任远首先重申了自己的观点与立场。他把心理学定义为一门研究生理机制的科学，涉及有机体应对环境的适应，特别强调这种适应的机能。心理学采用精确科学的方法，强调客观的、定量的实验，这对科学的持续进步是至关重要的。它否认但不忽视任何精神或主观事物的存在，就是所谓的意识（Kuo，1924）。

郭任远认为心理学中任何争议都必须在实验的基础上，能够促进实验研究，让问题能够在实验室中得到解决，或者对实验过程有一定的价值。正是这个原因，郭任远对遗传概念的有效性和实用性产生了质疑，提出了否定本能的观点（Kuo，1924）。

对于大多数严格的遗传学实验室学者来说，心理遗传问题很少存在。他们的主要兴趣在于生物形态特征的遗传上，只对可以用形态学和生理学的术语明确描述的事物感兴趣，以便随时进行实验室检验。但是有一部分生物学家，特别是优生学家，他们和大多数心理学家一样，坚持认为还有遗传反应。郭任远在文中主要探究的是神经肌肉模式的问题，这是遗传反应的生理形态学基础，涉及心理遗传机制的问题。

关于行为模式与神经肌肉模式的关系，研究中所谓的行为模式是指将不同的身体活动整合到一个有机体中。在心理生理学中，身体活动是一种较低层次的模式，即神经肌肉模式。神经肌肉模式是构建行为模式的物质或元素。因此有这样两个问题：第一，是否存在与遗传行为模式相对应的神经肌肉模式？第二，假设存在这样对应的神经肌肉模式，它们与细胞组织有何关系？

郭任远对此做出了解释，实验型的遗传心理学家首先必须确定每个行为模式是否都有一个确定的、固定的神经肌肉模式？如果有，那么必须确定、定位和展示这些神经肌肉模式。在这工作完成之前，遗传的概念还不是合法的。

(1) 最近对人类的研究，特别是对动物行为和生理学的研究，带来了一个非常明确和结论性的事实：行为模式没有明确的、固定的和不变的神经肌肉模式。不同个体的相同行为模式，或同一个体在不同时间的相同行为模式，可能由不同的运动、不同的受体、效应器和调节器组成，而相同的身体机制可能涉及不同的行为模式。这一事实同时得到了本能的否定者和支持者认可。

(2) 许多心理学家已经假定了遗传反应之间存在着明确的生理联系，但联系是由什么组成的还不清楚。华生在本能的解释中，避开了整个问题，并且给本能模糊地下了定义，即本能反应是一种遗传模式。在定义情绪时，华生指出了参与这种反应的生理机制，即内脏器官和腺体。此外，其他心理学家充分利用了神经连接和突触抵抗的概念。他们认为遗传反应的神经连接是天生的，而习惯的神经连接是后天习得的。接下来郭任远表达了自己对一些概念的理解：

(a) 神经系统的倾向

郭任远认为"神经系统的倾向"的含义比较模糊。可能是指系统的预先安排，也可能是指神经系统对某些刺激做出反应的准备程度，它应该是一个类似于突触抵抗的概念。

（b）神经连接

神经连接是指神经系统的结构安排，即预先形成的或先天形成的通路。这意味着两方面：第一，遗传通路在出生时或出生前是开放的，或仅在生长过程中发挥作用；第二，学习是新通路产生的过程。目前，研究者们还无法分辨出哪些通路是先天的，哪些通路是后天的。

（c）突触抵抗

首先郭任远指出突触抵抗只是神经学中的一种假说。因此，是否应该把这种未经证实的理论应用于心理学，值得怀疑。突触抵抗理论提出反应之间存在阈值差异。这就等于说，低阈值的行为比高阈值的行为更容易被唤起。阈值较低的行为是遗传反应，而阈值较高的行为不是遗传反应，这一结论还是不能被证明。

（d）内脏和腺体

华生在情感反应中，将内脏和腺器官作为遗传反应的基础。郭任远承认这些器官功能或多或少有一定的作用，能够影响个体的行为。但它们不能成为"本能"和"情感"的生理基础。同样的腺体可能参与不同的本能或情感或其他的活动，内脏器官和腺体活动每时每刻都存在。这表明遗传反应没有明确的生理形态学基础。

托尔曼教授在他的文章《本能的本质》（*Nature of Instinct*）中以摩尔（C. R. Moore）的睾丸和卵巢移植实验为例，

认为研究结果需要用本能来解释。目的论假设或多或少已经考虑到先天反射模式的需要，因此能满足这种需要（Tolman，1923）。但是，郭任远认为托尔曼教授没有充分认识到这一结论的严重性，这意味着只要交换性腺，性本能可以在男性和女性之间互换。郭任远认为摩尔的实验结果恰恰削弱了本能的概念（Kuo，1924）。

以上郭任远的讨论都指出了生理心理学的迫切需要。研究尚不能确定某一特定适应所涉及生理器官的种类和范围。郭任远引用了拉什利（K. S. Lashley）的观点：阻碍行为主义心理学进步的原因是缺乏适当的生理学。对心理学家来说，只需要知道在每个适应中涉及的特定的反射弧、特定的感觉器官、肌肉和腺体。郭任远提出了研究标准：停止任何空泛的理论争论，专注于用实验证据证明（Kuo，1924）。

遗传机制的问题对生物学家来说都是相当困难的。生物学家提出的理论大多数都是推测性的。现代生物学家用基因学说来解释孟德尔遗传。但生物技术和实验育种方法对遗传学而言就是提出遗传方面的问题，都不能解决任何遗传问题，因为遗传的基本问题是机制问题。

学者的相关讨论揭示了心理学中的遗传仅仅是一种假设，掩盖了心理学家对行为起源和发展的无知。遗传不能解释行为，只是简单地用遗传来解释行为中的问题，而遗传本身的问题仍然存在。

郭任远认为生物学和心理学之间需要有明确的分工。心理学作为一门独立的科学，必须有自己的系统，以及自己的解释概念。遗传学家关注生物体的起源和发展，而心理学家则把有机体看作是给定的，研究它与环境的关系。行为是有机体与环境之间的相互作用。

关于心理学中遗传的特定类型，郭任远在《取消心理学中的本能说》一文中反对本能的一个主要论点是：所有所谓的本能都是后天的反应。这实际上暗示了先天反应和后天反应之间的区别（Kuo，1921）。此外，郭任远承认，复杂的反应系统是根据反应单位建立起来的。这与他否认本能的观点矛盾。因此，郭任远完善了他的论点：先天反应和后天反应之间的区别应消除；所有的反应都必须认为是刺激的直接结果，是有机体与环境之间的相互作用。研究者不能把未习得的反应归为遗传，反应单位不是遗传的行为；遗传问题不是心理问题，因为心理特征的遗传不能用实验证明。因此，郭任远认为有必要分析普遍性和未习得这两个概念（Kuo，1924）。

（a）以普遍性为标准

郭任远认为，反应的普遍性可能是因为普遍的有机体模式，可能是因为普遍的环境因素，或者两者兼而有之。威尔斯（W. R. Wells）虽然承认持续的环境因素对普遍性有一定的作用，但他认为这种反应取决于通过种质（germ-plasm）传递的决定因素。这就等于把普遍性反应归因于普遍性的有机体模式。反应是否会出现完全取决于是否存在普遍的、持续的和不可避免的刺激条件。总之，由于生物的基本需要和身体构造的普遍性，确实存在普遍性反应。根据有机体模式，它们的存在并不是遗传的证据，也不能区分习惯和本能。

(b) 以未习得为标准

确实有些反应是不需要学习就能完成的,但是这并不能证明是遗传的。郭任远总结了论点:第一,未习得的适应没有固定不变的神经连接;第二,没有胚胎学证据能证明先天神经通路与后天神经通路的区别;第三,对于"未习得反应是先天神经通路的结果,而学习或习惯是建立了新通路"这一论断,既没有实证证据,也没有理论依据。

郭任远提出,习得与未习得的反应之间的区别太过粗糙,以此为标准没有任何价值。事实上,行为不只是属于这两种类型,完全取决于行为的难易程度、准备程度和获得的速度。所以研究者应该有一个标准来衡量新反应的难易程度和获得的速度。但在比较获得新反应的难易程度和速度时,心理学家面临着一个问题:是什么因素导致了一种行为不需要任何实践就可以获得,而其他行为需要两到三次尝试,或需要上百次的尝试?这个问题有待解决。

倾向和反应的意义可以理解,但情感的意义在心理学上有很大争议。情感在心理学上特指一种明确的反应类型,许多心理学家认为这种反应是通过种质遗传获得的。关于倾向,反应和情绪属于未习得的反应,因此郭任远同样反对倾向,反应和情绪是遗传反应。

许多生物学家和心理学家认为,心理品质也是遗传的,并且与身体特征的遗传方式相同。许多学者对个体差异、精神特征和种族特征的遗传性进行了研究,得到了结论:心理特征是可遗传的,而且其中许多特征,如精神错乱、弱智、性犯罪、酗酒等，都是遵循孟德尔定律遗传的。郭任远怀疑这个结论是否真的有效。首先，所有所谓的"心理特征"都是描述有机体反应的模糊的术语。有机体的身体机制可以与其他机制结合起来，产生各种各样的心理特征。这表明，心理特征的生理形态学机制是不确定的。因此研究要从抽象意义上探讨心理特征的遗传性，而客观心理学家是不可能接受这种遗传性的。其次，孟德尔实验严格地处理确定的形态学特征，这些心理特征不能还原为确定的生理形态学特征，因此用孟德尔定律来研究是完全没有意义的（陈巍等，2021）。

总结来说，（1）从遗传而言，行为主义心理学的含义是：第一，应严格从实验室的角度来考虑遗传问题；第二，行为学家必须确定遗传反应，使用明确且准确的生理形态学术语。（2）行为模式通常不具有确定的神经肌肉模式。而且，同样的生理机制可以结合其他机制一起产生各种反应。遗传反应的神经肌肉模式不能确定在有机体内。（3）郭任远对神经连接、突触抵抗、神经系统倾向和内分泌的概念应用于遗传反应的这一观点提出了质疑。（4）遗传假说是实验心理生理学和发展心理学发展的绊脚石。遗传概念使心理学研究没有关注行为发展机制，封闭了用实验的发展观具体分析生物行为形成的研究道路。（5）普遍性和未习得作为衡量本能的标准的有效性也受到质疑。（6）人类和动物的心理特质没有明确的生理形态特征，而这些生理形态特征同时又可以组成其他特质（Kuo，1924）。

综上，郭任远再次重申了自己否定本能的立场，强调研究需要实验技术来研究生理心理学和发展心理学。许多行为主义者接受了本能的概念，忽略了遗传假说对整个心理学发展的严重不良后果。

3 评价与影响

3.1 毕生倡导科学的心理学

作为极少数能够真正迈入西方现代学术殿堂，并在相关学科领域留下自己思想学说的中国学者，郭任远毕生致力于倡导一种科学的心理学。无论是他倡导的行为学，对本能、目的论、活力论等的持续围剿与攻击，抑或是对动物搏斗与鸡胚胎发育的系统研究，他的根本目的都是"在排斥反科学的心理学，不使非科学的谣言重污心理学之名，是在努力做一种清道的功夫，把心理学抬进自然科学——生物科学——之门，完全用科学的方法来研究它"（黄维荣，1928，p.1）。郭任远这种锲而不舍的坚定立场对于当时新生的心理学具有不可忽视的意义："科学研究也需要意识形态的吸引。这种意识形态由环境论（environmentalism）提供——主要归功于郭任远和华生——随后紧密地与行为主义联系在一起。"（Boakes，1984，p.239）作为对这种意识形态的回报，郭任远的工作显示了极强的生命力与前瞻性，为当代发展科学（Developmental Science）的诸多领域注入了新的视角。郭任远本人从不盲信权威，始终以高昂的斗志与各种心理学陈旧势力做决不妥协的斗争，也塑造了世界科学史上极为罕见的中国学者形象。

3.2 中国心理学的"国际发言人"

胚胎行为和生理学上的出色工作奠定并夯实了郭任远作为

一流科学家的声誉。他成为了"极少数其工作能被生物学家所熟知的心理学家之一，比起今天来这在当时是罕见的壮举"（Gottlieb，1972，pp. 6-7），"他在鸡胚胎研究开展的大量研究工作，使他不仅被心理学家而且被生物学家视为是伟大的科学家"（Scheithauer et al.，2009，p. 612）。郭任远的学术成果丰硕，著作等身。他一生出版了很多专著，其中在国内发表著作近10部，在国外以英文发表的论文、出版的著作更多，仅在欧美发表的学术论文就有40多篇。除上文提到的名篇之外，这些论著中比较有影响力的还包括：《人类的行为》（1923）、《一个心理学革命者的口供》（1926）、《心理学的真正意义》（1926）、《心理学里面的鬼》（1927）、《行为学的基础》（1927）、《行为主义心理学讲义》（1928）、《郭任远心理学论丛》（1928）、《心理学ABC》（1928）、《心理学与遗传》（1929）、《鸟类胚胎行为的发生学》系列论文（1932—1938）、《行为主义》（1934）、《行为学的领域》（1935）、《行为的基本原理》（1935）、《胚胎神经系统的生理学研究》系列论文（1939）、《动物搏斗的基本因素研究》系列论文（1960）、《行为发展的动力学：一个渐成论的视角》（1967）等。这其中，《心理学与遗传》可以作为其前期学术思想的成熟的标志，其思想张力绵延至其晚年的集大成之作《行为发展的动力学：一个渐成论的视角》，最终成就了郭任远超越动物行为学家的身份，跻身心理学思想家的殿堂。

从《心理学与遗传》到《行为发展的动力学：一个渐成论的视角》，郭任远的工作影响着与他同一时期的学者，这些学者中很多人是非常具有影响力的科学家。例如，卓越的比较心理学家薛纳拉（T. C. Schneirla）从他编纂的教科书《动物心理学原理》（*Principles of Animal Psychology*）的部分章节开始（Maier & Schneirla, 1935），直至他在 1966 年发表的《生物学评论季刊》（*Quarterly Review of Biology*）中的一篇评论作为终结，强烈推荐并坚持使用郭任远的胚胎学研究超过 30 年。在由薛纳拉的学生莱曼（D. S. Lehrman）（1953）撰写并发表在《生物学评论季刊》的文章中对洛伦茨（K. Z. Lorenz）本能行为理论的批判，也肇始于郭任远早期的反本能文章开辟的知识传统，其立论的主要实验基础是郭任远关于鸡胚胎的研究。正是借助薛纳拉和莱曼的论著，许多欧洲动物行为学家开始了解到郭任远的观点及其工作。随后，郭任远有关鸡胚胎的工作被心理学家亨特（J. McV. Hunt）（1961）在其著作《智力与经验》（*Intelligence and Experience*）中再次介绍给心理学家。戈特利布（1970）在《行为的发展与演化》（*Development and Evolution of Behavior*）一书中对郭任远的理论观点进行了介绍，并在 1997 年出版的《综合先天—后天：本能行为的产前根基》（*Nature-Nurture：Prenatal Roots of Instinctive Behavior*）对其观点进行了系统、深入探讨（Gottlieb, 1997）。

鉴于郭任远在心理学研究领域所做出的杰出贡献，美国《比较与生理心理学杂志》（*Journal of Comparative and Physiological Psychology*）于 1972 年刊载了 Gilbert Gottlieb 撰写的题为《郭任远：激进的科学哲学家和革新的实验家》（*Zing-Yang Kuo：Radical Scientific Philosopher and Innovative Experimentalist*）的悼念长文，并给予其高度评价——"在他颠沛

多舛的职业生涯中,他屹立在众多重要的元理论争论的漩涡中心,并且对行为与神经系统的研究做出了卓尔不凡的学术贡献,尤其是从发展分析的角度进行了探讨"(Gottlieb,1972)。1979年,郭任远成为入选《实验心理学 100 年》(*The first Century of Experimental Psychology*)的中国心理学家。迄今为止,郭任远也是唯一入选由美国心理学会(American Psychological Association,APA)主办的《心理学先驱群像》(*Portraits of Pioneers in psychology*)系列丛书的中国心理学家。

尤为难能可贵的是,郭任远的学术思想始终奠定在其严谨、客观的实验研究基础上,不断与时俱进,既坚持自己的学术主张,又能吸纳新兴的研究证据调整自己观念上的缺陷,让自己的学术视角始终带有强烈的前瞻性。

3.3 创建发展心理生物学

在《心理学与遗传》一书中,郭任远试图表明,作为一个坚定的行为主义者,必须旗帜鲜明地反对行为由基因编码从而以任何本能的方式存在,而在他的学术生涯开端时期,这种观点广泛流行于动物行为学家和心理学家之间。然而,如果站在心理科学发展史的角度来分析,郭任远对于本能的批判无疑也夹杂了以行为主义运动为代表的科学心理学势力对扶手椅心理学的强烈不满。"郭任远的攻击是基于这样的见解:将本能作为解释性概念对真正理解行为是有害的,因为它使发展的分析变得多余,所以它是不必要的。对于郭任远而言,基于本能的心理学是一种扶手椅心理学,因此它不是一种实证科学。在他整个职业生涯中,他始终敏锐地敏感于作为实验分析轻松替代品的概念，特别是那些转移研究发展过程的注意力概念，无论这些过程是解剖学、生理学还是行为学的。这并不是说郭是反对理论——他只是在能够推动实证的假设和无力推动实证的假设之间做出了强健的区分。对他而言，本能的概念堕入了后一类假设。毕竟，两者在解释的定位方面存在非常显著的差异。比如，用生殖本能来解释鸟类筑巢行为，就会取代对筑巢行为进行发展分析的事业。"（Gottlieb，1997，p. 91）

近二十年来，伴随复杂性科学、发展心理学、行为遗传学等领域的高速发展，心理学中有关遗传与环境、天性与教养（nature-nurture）关系的讨论推进到新的纵深。在认识论上，两者争论的焦点出现了明显转变。对双方重要性的思考先是从"哪一个"（which one）变成了"多大程度"（how much），接着又转变成以"何种方式"（in what manner）。早在上世纪20年代早期，郭任远在复旦大学主持设计心理学院时，就已经是全世界范围内第一批要求为探究发展建立多学科研究中心的学者之一，按照他的设想该研究中心应将心理学、内分泌学、神经生理学、胚胎学、动物学、生态学和人类学等学科的工作结合起来，从而为探究行为及其在生化、结构和环境背景下的发生做出贡献。虽然这一设想由于种种原因最终夭折，但郭任远在自己的学术研究中却始终秉承了上述学科交叉、互惠与约束的思路。他的行为发展的渐成论思想"为行为发展的系统分析开发和打磨出一个概念框架"（Lickliter，2007，p. 315）。这一思想深刻影响了发展心理学家西伦（E. Thelen）和史密斯（L. Smith）提出的动态系统理论（dynamic systems theory,

DST)。该理论认为，事物随着时间而发生的改变是系统的相互关联的——"我们所遵循的传统是生物组织系统理论（systems theories of biological organization），这一理论解释了生物通过自组织（self organization）的过程产生新的形势。自组织是指在没有明确指令的情况下，一个复杂体系的各成分之间相互作用，并产生新的模式和秩序，这些相互作用可能来自有机体自身或周围环境。自组织是有机体通过自身的活动改变自身的过程，它是生物的一个基本特质"（Thelen & Smith，1998，p.564）。由此，动态系统理论对于先天主义（neonativism）的批判非常直截了当："先天"（innate）并非是一个解释性的范畴。"先天主义者根本没有对他们所记录到的特征做出任何发展性的解释。这无疑是一个对中国心理学家郭任远对二十世纪早期本能理论批判的现代典范"（Griffiths & Tabery，2013，p.77）。他们援引了郭任远的研究为例，用动态互动观点解释了跨越一生的发展中新的行为模式是如何产生的——"行为的个体发展是一个对现存行为模式成分调整、优化或重组的过程。这些改变是对新的环境刺激影响的反应；其结果是新的行为成分的空间和/或序列模式形式，这些新模式可以是永久的或暂时的（'习得的'），并添加到该动物在发展过程中累积的现存行为模式库中……因而，个体发展的每一个阶段，每一个反应都不止是由刺激或刺激物决定的，同时也是由所有周围情境、解剖结构状态和功能状态、生理状态（生物化学和生物物理的状态）和迄今为止的发展史所决定的"（Kuo，1967，p.189）。今天，正如Brumley和Robinson（2010）承认的那样："有多种内源性和外源性因素可影响胎儿和新生儿的行为表现，因此可能有助于围产期行动系统的发育构建。这个观点与发展系统理论的原理是一致的，但这在概念上并不新鲜。许多在我们的实验室和其他实验室进行的心理生物学研究中发现的发育资源，早在75年前被郭任远认为是发育过程中的互动参与者。"(p. 202)

在写就《心理学与遗传》八年后，郭任远已经为自己的研究在遥远未来学术史的谱系上找到了准确的定位。对此，他曾用一个妇孺皆知的中国古代寓言来向全球学术界表达心声，让我们援引这个寓言作为结语。

有个农夫被他的邻居们浑称为"愚公"。他住的房子前面有一座大山。这座大山给他的出入带来极大的不便，于是他开始尝试将山搬走。他的邻居们得知他的做法后都笑话他。但是愚公丝毫没有理会这些嘲笑，而是继续掘土搬山。他告诉他的邻居，"我相信我一定可以把山搬掉。如果我这辈子不能完成，我会让我的孩子，我的孩子的孩子，我孩子的孩子的孩子去继续搬山"。在他去世前，他立下遗嘱告诉自己的孩子，自己一辈子的财富都埋藏在门前的山下，只有把整座山挪掉，才能得到这些财富。由此，他的孩子一代复一代的在山上疯狂地劳动着。不到四代，他家老房子前面的山就消失了。或许，这是一个关于某些科学领域中现代愚公的真实故事。无论是事实抑或寓言，也无论愚蠢与否，人类行为学者已经决意搬除某些比山更巨大的障碍了（Kuo, 1937, pp. 21-22）。

参考文献

陈巍, 王勇, 郭本禹. (2021). 未完结的本能: 郭任远与中国本能论战. 心理学报, 53 (4), 431-444.

郭任远. (1929). 心理学与遗传. 北京: 商务印书馆.

黄维荣. (1928). 序言. 载于郭任远 (编.), 郭任远心理学论丛 (pp. 1-4). 上海: 开明书店.

Blowers, G. H. (2001). To be a big shot or to be shot: Zing-Yang Kuo's other career. *History of Psychology*, 4 (4), 367-387.

Boakes, R. (1984). *From Darwin to behaviourism: Psychology and the minds of animals*. Cambridge: Cambridge University Press.

Brumley, M. R., & Robinson, S. R. (2010). Experience in the perinatal development of action systems. In M. S. Blumberg, J. H. Freeman Jr., & S. R. Robinson (Eds.), *Oxford handbook of developmental behavioral neuroscience* (pp. 181-209). New York: Oxford University Press.

Gottlieb, G. (1970). Conceptions of prenatal behavior. In L. R. Aronson, E. Tobach, D. S. Lehrman, & J. S. Rosenblatt (Eds.), *Development and evolution of behavior: Essays in memory of T. C. Schneirla* (pp. 17-52). San Francisco: W. H. Freeman.

Gottlieb, G. (1972). Zing-Yang Kuo: Radical scientific philosopher and innovative experimentalist (1898—1970).

Journal of Comparative & Physiological Psychology, 80 (1), 1-10.

Gottlieb, G. (1997). *Synthesizing nature-nurture: Prenatal roots of instinctive behavior*. Mahwah, NJ: Erlbaum.

Griffiths, P. E., & Tabery, J. (2013). Developmental systems theory: What does it explain, and how does it explain it? *Advances in Child Development and Behavior*, 44, 65-94.

Honeycutt, H. (2011). The "enduring mission" of Zing-Yang Kuo to eliminate the nature-nurture dichotomy in psychology. *Developmental Psychobiology*, 53 (4), 331-342.

Hunt J. M. (1961). *Intelligence and experience*. New York: Ronald.

Johnston, T. D. (2015). Gilbert Gottlieb and the biopsychosocial perspective on developmental issues. In S. D. Calkins (ed.), *Handbook of infant development: Biopsychosocial perspectives* (pp. 11-24). New York: Guilford Publications.

Kuo, Z. Y. (1921). Giving up instincts in psychology. *Journal of Philosophy*, 18 (24), 645-664.

Kuo, Z. Y. (1922). How are our instincts acquired? *Psychological Review*, 29 (5), 344-365.

Kuo, Z. Y. (1924). A psychology without heredity. *Psychological Review*, 31 (6), 427-448.

Kuo, Z. Y. (1929). The net result of the anti-heredity movement in psychology. *Psychological Review*, 36 (3),

181-199.

Kuo, Z. Y. (1930). The genesis of the cat's responses to the rat. *Journal of Comparative Psychology*, 11 (1), 1-36.

Kuo, Z. Y. (1937). Prolegomena to praxiology. *Journal of Psychology*, 4 (1), 1-22.

Kuo, Z. Y. (1967). *The dynamics of behavior development: An epigenetic view*. New York: Plenum Press.

Lehrman, D. S. (1953). A critique of Konrad Lorenz's theory of instinctive behavior. *The Quarterly Review of Biology*, 28 (4), 337-363.

Lickliter, R. (2007). Kuo's epigenetic vision for psychological sciences: Dynamic developmental systems theory. In J. Valsiner (Ed.), *Thinking in psychological science: Ideas and their makers* (pp. 315-329). New Brunswick: Transaction Publishers.

Maier, N. R. F. , & Schneirla, T. C. (1935). *Principles of animal psychology*. New York: McGraw-Hill.

Scheithauer, H. , Niebank, K. , & Ittel, A. (2009). Developmental science: Integrating knowledge about dynamic processes in human development. In J. Valsiner, P. Molenar, & M. Lyra (Eds.), *Dynamic process methodology in the social and developmental sciences* (pp. 595-617). New York: Springer.

Spalding, D. A. (1875). Instinct and acquisition. *Nature*, 12, 507-508.

Thelen, E., & Smith, L. B. (1998). Dynamic systems theories. In W. Damon, R. M. Lerner, & N. Eisenberg (Eds.), *Handbook of child psychology* (Vol. 1, pp. 563-634). New York: Wiley.

Tolman, E. C. (1923). The nature of instinct. *Psychological Bulletin*, 20 (4), 200-218.

序

　　这本小册子中所收集的，都是任远先生近年来——1921秋至1927春——在中外杂志上所发表过的关于心理学的著作。除了末了的两篇为实验底论文外，其余诸篇均是偏于理论方面的。虽然它们的面目极不相同——有的是寥寥千余言的通俗文字，有的是长至数万字的很专门的学术论文——但是它们的内容却是一贯的；无论是提倡行为派的心理学，反本能，反对心理学上的遗传，或攻击各种心理学上的神秘概念；总而言之，是在排斥反科学的心理学，不使非科学的淫言重污心理学之名；是在努力做一种清道的功夫，把心理学抬进自然科学——生物科学——之门，完全用严格的科学方法来研究它。近代心理学虽说是脱离了哲学而自成为一种学问了，但究其实它底研究底方法和研究底对象仍都是哲学的而非科学的，所以所谓近代心理学实际上还是二千余年以前亚里士多德底灵魂底科学（The Science of the Soul）。在闹着 Freudian Psychology 和 Gestalt Psychology 的欧洲不必说，就是在行为主义发祥地的北美洲，除了拉什利（K. S. Lashley），魏斯（A. P. Wiess），霍尔特（E. B. Holt）等三数人，在他们底工作及持论方面全本着严格的科学家底信条可以称为心理科学家外，就是行为主义的创始者——华生（J. B. Watson）——也是个不彻底的因袭的心理学者（traditional psychologist）不能算是一个纯粹的科学家的。所以任远先生——一个极端的机械论者——底几篇论文在美国也是很有需要很有时代的价值的；在崇信柏格森（H. Bergson）、杜利舒（H. Drieschfff）等一班心力论生机论者的中国，那当然更是瞑眩的药石了。

末了的二篇：一篇是关于特种外表行为底次序的，另一篇是研究某种潜伏的行为底历程的。前者底价值，虽在不同调的考夫卡（K. Koffka）（Gestalt Psychology 的魁首）也复加以推许；后者乃为以客观的方法来研究潜伏的行为的一种创作：在实验心理尚未萌芽的中国，当然不能邀何等的重视，但译了出来，至少也可以使有志于科学的心理学家底研究者，一窥科学的心理学底真面目。

一切的科学，为便利起见，大概可分为（1）物质科学，（2）生物科学，（3）社会科学三种。心理学自身虽为生物科学底一支，但它是集物质科学生物科学之大成而奠社会科学底基础的。心理学底研究若不采用自然科学——物质和生物科学——底观点，方法和法则，那末它自身便不是科学，决不能有科学的价值。社会科学若不建筑在科学的心理学——行为学——底基础上，那便是一种胡言或臆测，决不能据以为实际上的应用。麦独孤底社会心理和弗洛伊德底性心理总算风动一时了，但试问除了在心理学中多添了几个神秘的概念——本能，力比多（Libido）——并竭力主张他们是先天的遗传的因而阻碍了实验心理，发生心理及生理的心理学底研究底进行外，他们能给我们以某种科学的方法可以使我们决定行为或控御行为吗？科学的心理学虽极幼稚，但实验心理，生理心理底研究已可使我们知道所谓本能情绪等等原只是环境底要求或生理上的关系所致，无一不可以控御的。飞蛾的扑灯向来视为本能的，现在知道只是一种物理关系，而人造的扑灯蛾名为 Heliotropismie Machine 已经出现了。男女底性行为大家认为本能的，现在知道乃是一种化学作用，而性腺分泌物底注射，对于变易男女底性行为已大具成效。举凡好勇斗狠，怯弱畏惧等等以前所视为先天的，科学所无能为力的，现在也仅有以加增或减少某种内分泌或变易刺激因而改变其往常的反应底可能。所以将来的人性，将来的社会，定有被心理科学所操纵的一天。科学底进步从慢，它底进步是无限制的。若从麦独孤派弗洛伊德走去，那便只有拜倒于本能，力比多等神秘的偶像底脚下而自陷于绝境；以言改革人性，改革社会，无异于南辕而北其辙。科学的心理学与非科学的心理学之争，其故就在乎此。

　　任远先生底著作已出版的有人类的行为及马克思主义是科学的吗？（此书论心理科学与社会科学的关系甚详）二种，未出版的有行为学原理，行为学概论，行为派心理学及遗传与心理学四种；但本书中，先生底思想底渊源及其变转底途径，最为明显，我人读此，不特于先生底思想容易了解，且也可以窥见先生为学的方法，惟译稿五篇，虽经先生校阅，辞旨无误，而非一人所译，又非一时所译，以故名词歧译处，未能悉数改正；而底、的、他、它等字，又各篇各用，一时未遑统一：这是编者所引以为憾，而欲求读者诸君所原谅的。

一九二七年，十二月，三十日，
黄维荣

目 录

第一章 心理学的真正意义……1
 第一节 导言……1
 第二节 一般人对于心理学的误解……2
 第三节 心理学的真正意义……3

第二章 一个心理学革命者的口供……5
 第一节 历史的背景和革命的原因……6
 第二节 行为学的根本概念……7
 第三节 行为学的方法……10
 第四节 行为学关于所谓"意识"的解释……12
 第五节 行为学和遗传……18
 第六节 结论……20

第三章 取消心理学上的本能说……21
 第一节 近代心理学上的本能……21
 第二节 否认特殊的本能之存在……25

  第三节 关于人类的初始的组织试拟一个新解释……39

第四章 我们的本能是怎样获得的……49

  第一节 为什么要反对本能……50

  第二节 再述反动单位的假定……56

  第三节 本能的获得……59

第五章 反对本能运动的经过和我最近的主张……72

  第一节 本能的意义及其在晚近心理学上的位置……73

  第二节 三年来反对本能运动的经过及其派别……76

  第三节 本能派心理学者的辩护……78

  第四节 我的最近的主张……81

第六章 一个无遗传的心理学……86

  第一节 我的信仰的自承……86

  第二节 遗传的概念存在于心理学中的困难……88

  第三节 行为模型与神经筋肉模型的关系的问题……89

  第四节 心理学上的遗传的机运问题……95

  第五节 关于心理学中特种的遗传……98

  第六节 撮要与结论……104

第七章 心理学里面的鬼……109

第八章 学习进程中消除错误的动作的次序……114

  第一节 试验的性质……115

  第二节 结果……118

  第三节 动物学习的学说……124

第九章　归纳推理的实验……143

　　第一节　导言……143

　　第二节　材料的说明……146

　　第三节　实验的方法……155

　　第四节　结果……163

　　第五节　撮要与结论……200

第一章　心理学的真正意义

第一节　导言

申报馆的记者要求我在这次双十节增刊中做一篇关于心理学的文章,我不犹豫地答应他,我所以答应他的原因有四:

(一)历来科学家有一共同的毛病:即是不愿将他们所研究的科学平民化。他们以为科学是专门的学问,是极艰深的东西,非一般平民所能领悟的。他们说科学非浅易文字所能传述;况且用浅易文字与平民谈科学,未免失却科学的尊严和科学家的身价。这种贵族式的科学家的态度,我是极端反对的。我以为灌输科学知识于平民,是科学家的天职。一国文化的高低,不在科学家人数之多少,而在平民科学知识程度的深浅。真正的共和国家,不但普通教育要普及,就是科学的知识也应当平民化的。我想破除科学贵族化态度,所以下了决心,在平民所常读的青报上,多做浅近的科学文章。

(二)中国的科学的幼稚,是人人所承认的。我们若要提倡科学，引起社会对于科学发生兴趣和援助科学的发展，应先使一般人民晓得各种科学的内容和他与人类生活的关系。我想我们中国的科学家，应努力地在普通的书报上，做科学的宣传。

（三）外国的报纸，有一个很坏的习惯，他们很喜欢向冒充科学家的叫化子征文，所以各报上往往有乱七八糟的科学文字。欺人自欺，实是可恨。我不愿见中国的报馆，再踏外国报纸的覆辙，所以对于申报这次的征文，十分诚意的答应，并希望他以后能常与真正的科学家接触，以免误登欺人欺世的伪科学文字。

（四）普通社会对于心理学误会很多，吾早已想在普通的书报上，矫正这种误会。申报这次的征文，也算是给我一个相当的机会。

第二节　一般人对于心理学的误解

各种科学当中，常被一般恶棍流氓假借名义在社会上骗钱惑众者，要算是心理学。灵学会呀，精神研究会呀，催眠术呀，精神疗病法呀，通灵术呀，弗洛伊德（S. Freud）的心的分析法（Psychoanalysis）呀；这都是心理学家惑众的口号，数日前又有位荷兰的心理学博士到上海大展神通，报纸代他大吹而特吹，说这位博士神通如何广大，能推知他人的心理，所以能闭眼开汽车。其实闭眼开汽车是不足稀奇的，大概一对较灵的耳，受过特别教练后，定能以耳代眼。我们试想盲人何以能跑路，眼睛闭时我们何以能使用打字机或钢琴。我们若想到这一类的事，我们就信那位荷兰博士所以能闭眼开汽车者，是由练习得来，不是因为他能推知他人的心理的。像这样的离奇鬼怪的心理学，我们在谈话中和普通读物中，常常听见看见。因为社会中常有许多离奇鬼怪的心理学家，所以一般人对于心理学的观念，也受他们的影响。弄到现在来，普通的人往往把心理家当做一种变戏法，以为心理学就是研究上面所述的奇怪的事，心理学家不是一个魔术家，便是一个催眠术家，或是一个能推知他人的思想的人，这是何等不幸的事实呵！

其实心理学是自然科学之一。从前旧式的心理学家，以为心理学是研究意识现象的科学。自从心理学革命以来，他一变而为行为的科学。但无论是意识或是行为，都是我们日常所常经验的现象，都有定理定律可以寻求，不是渺茫神秘的事实，也不像那些江湖派的心理学家所说那样神奇。催眠现象和其他反常的（或称变态的）心理现象，固然是我们所应研究的问题之一，但这不过是心理学之一部分；况且催眠现象和其他的反常的心理现象，也是一种自然现象，都有定理定律可以寻求，那里有什么神秘之可言呢！

第三节　心理学的真正意义

这样讲起来，心理学是研究什么东西呢？简单讲起来，心理学是研究人类或其他动物的行为或动作的科学。一切动物受环境刺激的时候，往往发生反应（应付这种环境的刺激的顺应作用）。我们所谓行为，就是包括人类和其他动物的起居饮食，及隐于内或形于外的种种动作。单就人类方面而言，我们每日关于自身或对社会的一切感情思想，或其他行动皆在行为范围之内，皆是心理学研究的材料。

我们的身体受外物刺激时，就发生运动，运动是构造行为的成分。身体的运动是神经和筋肉变动的结果，所以从生理方面而言之，行为不外是神经和筋肉的变动。

　　我们在这里应当特别注意一点：即心理学是物理的科学，并不是精神的科学，世界上所存在者只有物质，只有原子和电子，并无所谓精神的生活，也无所谓心灵或意识。我们普通所谓心灵或意识，实在都是行为之一种，都是隐伏于体内的运动，都是神经及筋肉变动的结果，而神经及筋肉又是原子或电子所构成；这样讲起来，世界上所存在者，除原子电子外，那里有别的存在？那里有什么心灵或精神或意识的存在？所以我说心理学也是物质的科学之一种。

　　心理学的立脚地是和物理学、化学、生理学、生物学等相同的。换一句话说：心理学是一个物观的科学。他所研究的对象是物观的现象——行为。所以其他自然科学所用的物观的观察法和物观的实验法，心理学亦皆采用。科学最注重精确，故心理学的研究也以数学的计算与测量为当务之急。这样讲起来，心理学也可成为精确的科学之一了。

　　晚近心理学内部起大革命，革命的结果即是产生新的心理学，即所谓行为的心理学是也。上面所述的，是行为心理学的几条大纲；可是因为篇幅所限，我不能把行为心理学在这里做较详细的讨论。我希望在最近的将来，再用浅近的文字做一篇较长的文章，叙述行为心理学的历史及内容。这篇文将来或在东方杂志中发表之。

（原稿登民国十五年申报双十节增刊）

第二章　一个心理学革命者的口供

最近十余年来，美国心理学界有个革命的运动，名叫"行为主义的运动"（the behavioristic movement）。它的目的在取消旧式的心理学而以"行为学"来替它。这个运动之成败，不单是心理学自身的生死的问题，即是关于人类生活的一切问题也有直接的关系。所以世界学者对于这个运动极为注意。二三年来，国内的报章杂志上也常常有关于"行为学"或"行为主义的心理学"的文章。可是这些文章有的是"语焉不详"，有的是"传闻失实"，甚至有的是"张冠李戴"，把和行为学的运动毫无关系的人，当做行为学者看。这真是"差之毫厘，谬以千里"了。这六七年来我是曾参加心理学革命的运动的，曾做了一个行为学的小走卒，并且拿着"赤色"的旗子，向反动派的心理学者进攻的。我自信对于行为学的革命的经过、目的和建设的计划有相当的了解。现在因为要使国内学者明白一般行为学者和我自己的主张，所以做这一篇供状。

第一节　历史的背景和革命的原因

　　五六十年前，心理学仅是哲学的附属品，无所谓科学的心理学，也无所谓心理学的实验。到了西历一八七九年间，德国有一位由哲学和生理学结婚后产下来的儿子——冯特（W. Wundt）——创设一个所谓"心理学实验室"，同时英美各国好几个大学也有同样的建设。从此以后，研究心理学的人就天天有建设"科学的心理学"的梦想了。这种梦想是从那里来的呢？大概自从十九世纪以来，自然科学的进步，"一日千里"，社会人士对于自然科学的信仰也一天地多一天；同时和心理学相近的科学——生理学——也已正式成为一独立的科学。科学的威权，和生理学的进步，——这两样事都足以使研究心理的人"仰望"，"垂涎"，天天做"科学的心理学"和"实验心理学"的梦的。但是他们有没有创造科学的心理学的资格和能力呢？这个问题我们在这里不得不研究。（一）这些人虽喜欢高谈科学，然而他们对于科学的根本假设，目的和方法却没有充分的了解。这是因为他们没有经过好的科学训练的缘故。（二）他们自从摇篮到博士院毕业，天天生长于宗教和哲学的环境中，所受的教育也是这一类的教育，所以他们的"脑袋"里都充满了原民、宗教家和哲学家所遗下来关于"上帝""灵魂"和"心灵"的神话。像这样的心理学家，谁也不相信他们会创造一个可以被科学界公认的科学出来。是的，他们虽想要创造"科学的心理学"，然而他们以为世界的科学可分做二大类：一是研究物理现象的，其他是研究精神现象的。精神现象和物理现象性质根本不同,所以研究的方法也就不一样了。换一句说,物理现象属于客观的世界,故以物观的方法来研究;精神现象属于主观的世界,应该用主观的方法——内省法——来研究。他们又恐怕像"灵魂"这一类的名词带有宗教的臭味,容易引起人家的误会,所以改"灵魂"做"意识"(consciousness)。他们以为若照这样做去,他们的良心既能安慰,科学的心理学也就能成立了!

数十年来的心理学都是建筑在这个主观的观念上。"心理学是精神的科学,是意识的科学;意识是主观的现象,和物理的现象不同。要研究主观的现象须用主观的方法,所以内省法(Introspection)是研究心理学的唯一的方法。"像这一类的话,在行为学未出世以前,无论那一位心理学家都不敢表示反对或怀疑的。可是(一)这种似哲学而非哲学,似科学而非科学的心理学往往为旁的科学家瞧不起;(二)它所研究的问题是极琐屑而不切于人生的;(三)内省法的缺点很多,所以没有良好的结果;(四)最近关于动物的行为,儿童的行为和变态的行为的研究,虽不用内省法,也不用意识来解释,然而结果极佳。因为这几件事实,有一部分的心理学家对于"心灵派的心理学"或专用内省法以研究意识的心理学发生种种疑问,逐渐酝酿,遂成为十余年来行为学的革命运动。

第二节 行为学的根本概念

现在一般心理学家有一个使人难于索解的问题,即是,一方面要把心理学当做科学看,他方面又要保存变相的"灵魂"

说——"意识"——而以为心理学的立脚点和别的科学不同；所以造成一个半宗教式的科学。我们试想一想，假定我们真有"灵魂"，真有"精神生活"，真有主观的"意识"的话，那么，这种"无声无臭""视而不见""听而不闻"的东西，是不是可以做科学研究的材料，我们有没有方法可以去研究它？研究"精神生活"的学问是不是可以成一个自然科学呢？换一句话，世界的科学是不是果如一般心理学家所说，可以分做两种，一属于物理界，一属于精神界？对于这个问题我想无论那一位科学家——心理学家除外——都不敢作肯定的答复的。现在的心理学家的地位实在是极其自相矛盾：要做科学家，就不应该保存"心灵"或"意识"；要保存这二者，就不必想登科学之堂。这种地位是数十年来实验心理学失败的缘故，也是心理学被人家瞧不起的主因。这种情境迫得一部分有科学训练的心理学家——行为学者——忍无可忍，遂大兴革命之师，一方面宣告旧有心理学的破产，一方面建设一个新的科学——行为学。

我们相信从前心理学家所研究的现象（所谓"意识"）都是自然科学的现象，都是行为学一部分的对象。我们又相信一切自然科学（行为学在内）的根本概念——假设——都是要一致的。因此，我们不得不放弃历来宗教家、神学家、哲学家和现在的心理学家所主张的"心身二元论"，而与其他自然科学家取同一的态度。我们以为宇宙间只有物理的现象的存在，并无所谓"精神现象"的存在。物理的现象是客观的，具体的，有直接观察和可用物观的方法来试验之可能的。所以人类间只有物理的科学。所谓精神的科学，是无成立之可能的。

以现在的物理学的知识而论,一切物体皆由电子组成。电子组成原子,原子组成分子,分子复组成一切有生命的和没有生命的物体。各种物体都有重量,有特殊的组织,都占有空间的位置,都时时刻刻在空间上和时间上运动着。不单是有特殊组织的物体能运动,就是分子原子和电子也无时不在运动的状态中。所谓物理现象就是自电子原子以至有机物和无机物运动的现象。所谓自然科学皆是研究物体的运动的学问。

宇宙之中有一种有特殊的组织而且有生命的物体名叫有机物者,因为环境的不绝的刺激,常常发生种种运动以应付刺激而适应环境。研究这类的运动的科学就是行为学。有机物的运动是腺、筋肉、神经和其他各种器官的运动互相组织而成,而这种运动若再用物理学和化学的方法分析起来,又不出分子原子和电子的运动。这样讲起来,"行为"推到究竟去仍然是电子运动的结果,仍然是物理的现象,而研究行为的科学(行为学)也就是物理的科学了。

所谓"意识"本来也是行为之一种(参考第四节),也是物理的现象。一般心理学家认它做精神现象,实是"指鹿为马",误认事实的。我们既认定我们的科学为研究行为的科学,又认从前所谓"意识"也是行为之一种,那么,在理论上我们没有和一切自然科学假设相冲突的地方,在实际上又可用物观的实验来研究行为的问题,使行为的科学达到真正的实验科学的境地,这是我们改革旧心理学的根本概念的动机,这是我们对于行为学所希望的目的。

第三节　行为学的方法

行为学者非但否认旧式心理学的根本假定，就是数十年来心理学界所通行的方法（内省法）也认为不适用的。因为（一）内省法没有直接证明的可能。个人观察自己的"意识"，然后把他观察所得的结果报告别人。假使接受你报告的人对于你的观察有怀疑，照道理他应当做和你同样的实验以证明你的观察有没有错误。可是在内省法，这桩事是绝对办不到的，因为他无论如何是不能直接观察你的"意识现象"的，即是你所给他的报告也是你的观察的结果，并不是你所观察的材料。（二）不但他人不能重做你所报告的观察，就是你自己有怀疑的时候，要使你前次所观察的"意识现象"复现，使你得再多一次的观察，这也不是可以办得到的事；因为"意识"好像流水，一去不回，永无再现的日子。（三）内省是会说话的成人才能做得来的，其余小孩子们，病狂的人和没有言语的动物，都不会用语言来报告他们的"意识的内容"的，那么，内省法也就不能应用于他们了。（四）我们当内省的时候，常常妨碍主要行为的进行。（五）科学最注重仪器的观察和数学的计算，内省法既不能用仪器，所得的结果又不能用算学的方法来计算。内省法非但在事实上有上面所述的缺点，即是在理论上也是说不通的。为什么呢？因为一般的心理学家既以"意识"属于精神世界而非物理的现象，然而用内省法来观察"意识"的东西却是一个人。人是一个由物质组织的有机体，所以属于物质界。我们真不懂得物质界的"人"何以能够观察精神界的"意识"咧！我很想现在的心理学家告诉我当他们内省的时候，他们用什么神妙的方法来沟通物质界和精神界。我又要请教他们："你们报告或叙述你们所谓属于精神界的'意识'现象的时候，所用的工具是语言，然而语言却是一种物理的现象，那么，请你们再告诉我精神界的现象可以用物质界的工具来叙述的理由罢。"

我们既然否认所谓"意识"之属于精神世界，既然主张我们所研究的对象为物理现象，而我们所研究的科学为物理的科学，那么，行为学的方法也应该与他科学一致的。近世自然科学所用的方法有几点是值得我们的特别注意的：（一）重事实而轻理论，一切理论都以事实为归宿，不尚空谈，而以事实为解决一切问题的基础，不注重演绎法，而以归纳法为讨论自然界的真理的真正工具。（二）以实验室的试验法为根本的方法，而仅以普通的观察法为辅助的方法。（三）一切方法都是物观的。所以一切实验都是公开的，人人都可用同样的方法，做同样的实验以证明他人的报告的。（四）因为要辅助感官的不足，增加观察的精密，所以对于自然现象的研究，需要仪器的帮助的地方多，不用仪器的地方少；实验越精细，仪器越复杂。（五）因为注重精确和细微，所以常用数学来做叙述自然现象的工具。科学愈进步，应用数学的地方也愈多。（六）五官当中，以目最为有用，所以科学的观察用眼的地方多，用他种感官的时候少。我们以为这六点是自然科学的方法的基础。行为学的方法就是要建筑在这基础上面。虽然各种不相同的实验往往有不相同的方法，然而根本上却是根据这几点做工夫，和别的科学的方法没有什么差异，却和一般心理学家所通用的内省法"大相径庭"。可是我们因为篇幅的关系，不能举几个行为学者所做的实验来告诉读者。这是很可抱歉的一桩事。

第四节　行为学关于所谓"意识"的解释

在一般的人和反动派的心理学家的眼光里，行为学成立最大的困难要算是"意识的问题"。我以为这也不尽然。真的，倘若不是历来的学者把"意识"看得太重，它在行为学不应该发生什么重大的问题。不过反动派对于我们的批评既已集中于这个问题，几乎以为我们对于"意识"若没有圆满的解释，行为学就要破产，所以我们现在不得不把这个问题提出来特别讨论。

"意识"究竟是个什么东西，连一般心理学家自己也说不出来。向来关于"意识"的著作都是"说来说去不说话"一类的文字。这都是因为他们误认意识为主观的东西，所以描写不出来，因为描写的工具是文字而文字是属于物观的东西，要用物观工具来描写主观的现象，是不可能的。惟是行为学者对于这一点倒也没有大困难，我们是绝对否认一切精神现象的存在的。所以除非人间世没有所谓"意识"的东西，那就不消说了。如果是有这样的东西的话，那么它应该是物理的现象，有可以用物观的实验法来直接观察和用数学的方法来计算之可能了。换一句说，行为学者以为"意识"是行为之一种，没有特异的地方。凡可以解释其他行为的原理原则，都可以用来解释"意识"，也没有特别解释之必要。

我们因为篇幅的关系，不能在这里把一切所谓"意识现象"用普通的行为原理来解释。现在只提出一二个例子来讨论。

通常之所谓"意识"有两方面：一属于"知"（knowing），一属于"所知"（known）。譬如两人会话；一人问道："你知道也不知道?"其他一人答道："知道。"他再问道："你知道什么?"其他一人再答道："我知道那样的事情。"这种问答包括"意识"之两方面："知道也不知道"属于"知"的范围。"知道什么?""知道这样或那样的事情"属于"所知"的范围，即是"知"的内容（content），也有人叫它做"知的对象"（object of knowing），换一句说，知属于"经验"（experiencing）的动作，"所知"属于经验的事物（things or objects being experienced）。在普通的心理学著作中，我们常常看见心理学家说"某种动作是有意识（conscious）的""某种动作是无意识（unconscious）的"。这等于说"对于某种动作是知道的""对于某种动作是不知道的"。又如我问你，"你有听见某声音，或看见某物吗?"你若答道"我没有听见或没有看见"，那么，你对于某声音或某事物是"不知道"的，是"无意识"的。倘若你答道"我听见或看见"，那么，你对于某声音或某事物是"知道"的了，是"有意识"的了；而某声音或某事物就是被你所知道的事物或对象，就是你的"意识"的内容。读者须先明白"意识"的两方面或两种意义——即"知"及"所知"，"经验"及"被经验"或"意识"及"意识的内容或对象"——才能够了解行为学者关于"意识"的问题的见解。

我在这里所要说明的有两点：（一）"知"或"经验"之不存在，即是，我们并没有"意识"的事实；平常所谓"意识"，是我们误用它来代替某种行为，所谓"有意识的"或"无意识的"，仅指某种行为之表现或不表现。和（二）"所知"或"经验的对象"或"意识的内容"都是客观的事实。在先讨论第二点。

（下边所讲的虽然仅是发表我自己的主张，然而我相信这种主张可以得到大多数的行为学者的同意。）

（A）"意识的内容"本来有两大类：（一）一般人所能共同直接经验的；（二）惟个人自己所能经验，他人不得而知的。声音、颜色、树木的动摇、动物和人的动作属于第一类。一般心理学所谓"感觉"（sensation）"意象"（image）和"感情"（feeling）等属于第二类。第一类属于客观的事实，这是人人所公认的，所以不必再讨论。我现在所要读者注意的是第二类的问题，即是，第二类是不是客观的现象，是不是行为之一种？

我们试把"意象"来做例。你刚刚在看"这本东方杂志"。这本杂志是一个客观的物，谁也不能否认的。但是请你现在把这本杂志放开，眼睛闭起来。眼睛闭了以后，你看见什么？你看见"这本东方杂志"仍然在你眼前吗？它的封面，它的装订，它的厚薄，以至封面的图画和文字都能表现于你的眼前吗？如果是有的，那么，你就有"意像"了。〔现在只讲视官的"意像"，所以心理学者叫它做"视像"（visual image）〕。反动派的心理学者以为这种"视像"是主观的事物，是精神的现象。行为学者说，"不！视像是物理的现象可以把生理的事实来解释的。"为什么呢？眼睛被外物刺激的时候，眼睛里头的网膜遂发生化学作用而把这外来的刺激物照成一像在网膜上。这种作用是和照相机的照相一样的。但是照相机要照同样的物像的时候，须有同样的刺激物的存在。网膜的照像，第一次固然要有被照的刺激物存于眼前（如你桌上的东方杂志），但自第二次以后，我们可以用别的刺激物（如语言等）来代替原有的刺激物，仍然能够使你的眼睛里头的筋肉发生同样的动作，网膜也发生同样的化学变化，照同样的像。所以当你闭眼睛的时候，我请你想起东方杂志，你的眼睛里就有东方杂志的像。换一句说，你闭眼时所发现关于东方杂志的视像乃是眼里的筋肉的动作和网膜起化学变化的结果，是一种生理的事实，不是主观的现象。至于语言（如我请你闭眼后想东方杂志）何以能够代替原有的刺激（如你在桌上的东方杂志），而使眼里的筋肉和网膜发生同样的反应（如关于东方杂志的种种视像），是因为替代的刺激常和原有的刺激相联络的缘故。

不但是"视像"，即其他的"意像"和所谓"感觉""感情"以及所谓"思想"等，都是同样的道理，都是一种行为，都可以内部的生理变化来解释的。不过这种变化起于内部，外人不容易观察，所以引起反动派的心理学家和一般人的误会，而以为这种现象属于精神世界。这是大错而特错的！

（B）反动派的心理学者关于所谓"知"或"经验"的解释错误更大。其实，我们通常所谓"有意识的"或"无意识的"动作都没有重大的意义。原来（1）我们的行为不但能为外物或别的人的动作所唤起，并且能对我们自己的表现于外的或隐伏于内的动作发生反应。（2）我们往往有两种动作同时进行，第一种的动作常会为第二种的动作的刺激，反言之，第二种动作是为第一种动作所唤起的；所谓"知"或"不知"及"有意识的"或"无意识的"行为，不外指这第二种动作之存在或不存在。如果第一种动作能唤起第二种动作的时候，一般人和反动派的心理学家就称第一种动作为"有意识的动作"；如果第二种动作是不能为第一种动作所唤起的，他们就称后者为"无意识的动作"。譬如我有一天在火炉旁边的椅子上面假寐，偶然一双手为火所灼，在这时候，（甲）如手的触火是很轻的，我只将手收缩，仍然继续睡去；但（乙）如这双手被火灼得很厉害，那么，我不但收缩被灼的手（第一种的动作），并且翻身过来——甚且喊起来——眼睛放开，视线完全贯注在火炉和被灼的手上面（第二种的动作）。此时若是有一位反动派的心理学家在旁边观察我的行为，他一定说："在（甲）的情形之下，你不觉得痛，也不知道你的手的收缩，所以你的动作是没有意识的。但是（乙）的情形之下，你已经觉得痛了。已经醒起来了，已经晓得火之灼你的手和你的手已经收缩了，所以你的动作是有意识的了。"这种话是很没有道理的。其实，（甲）和（乙）只有动作的复杂与简单之分别，并没有其他不同的地方，哪里可说（乙）是有"意识"的存在的，而（甲）是没有"意识"的存在的呢？

假定这个手被火炉灼伤的人不是一位行为学者，而是一位没有研究过旧心理学或行为学的人，又假定这位在旁边观察的心理学家自己不发表意见，而仅要求这位被灼的人自己告诉他（甲）和（乙）差异的地方，此时这位被灼的人的报告会不会和这位反动派的心理学家在前段所发表的意见有不同的地方？我敢断定是不会的。为什么呢？因为现在的人们一生所受到的教育大部分是迷信的和宗教式的教育；我们的父母们，先生们，牧师们，同伴们以及其他一切人们天天告诉我们怎样用迷信的语言来叙述我们的行为。自从我们做小孩子的时候，人们就不断告诉我们（并且教我们自己说）常被灼的手收缩的时候，倘若我们的视线也同时集中这被灼之一部分和手的收缩运动，我们就"觉"得手的痛，就"知道"手的收缩的运动。我们天天听见人家用这种话和与此类似的话对我们说，并且教我们在类似的情形之下就说这一类的话。久而久之，我们也就"莫名其妙"地以为我们对于某种行为自己是"知道"的，而对于某种行为自己是"不知道"的。我们观察我们自己的行为的时候，也似乎"觉"（？）得有"知"与"不知"的分别，他人问起我们的时候，我们也就把这一类的话答复他们，而大家都因此"莫名其妙"地以为"意识"实在是实在的东西了。这是我们误认人类有"意识"之所由来，再申言之，"意识"只是一个空名，并没有实际的存在。然而社会常把这个空名来教训我们，教我在某种行为表现的时候就明地讲或暗地"想"（潜伏的语言），"这是有意识的行为，那是没意识的行为。"学习这话的次数既多，经过的时间又久，我们就忘却"意识"是从社会学习来的空名词，是社会教我们用来替代某类行为的鬼语。已经忘却了它的来源，又为宗教式的教育和迷信的思想所束缚，人们就认识"意识"为身体里面所本有的精神生活，而不承认它是一个空洞而且无意义的名词。而关于"意识"的迷信遂历数千年而不能破除。这不是人们很可怜的一桩事么？

第五节　行为学和遗传

"意识"是心理学里面一个大迷信，这是一般行为学者所公认的。至于心理学关于遗传的迷信，行为学者初时注意的极少，仍然采用这个观念，不过把从前的心理学者关于遗传的意思，改头换面，另外加一个遗传的行为的定义罢了。一般行为学者所以不能脱离"行为的遗传"迷信有二个原因：（一）遗传的观念是晚近心理学家从生物学抄袭过来的，而行为学者对于生物学又极重视；因为不敢轻易批评生物学的事实或观念，对于心理学所"窃取"的遗传的观念也就贸然接受，不生丝毫怀疑了。（二）革命军初起的时候大家注全力于意识及内省法的攻击，没有功夫去研究其他的问题。这是行为学史里面的污点。我们若要洗濯这点污点，就不得不再进一步的革命。所以我们近来极力提倡取消一切关于遗传的行为的观念。我们所根据的理由可简述如下：

（1）行为学是一个实验的科学，关于行为的一切观念应以实验为根据。遗传的行为没有直接证据，又没有实验的可能。遗传的观念简直是一个"懒惰"的方法用来遮蔽我们不懂行为的起源的弱点，并且能妨碍关于行为的起源的研究和实验。

（2）行为是腺、神经和筋肉等活动的结果，所以要证明遗传的行为的存在，应以生理的事实为基础，这即是说，一定的遗传行为应有一定不易的生理变化。但这是实际上做不到的事。因为行为在实际上决没有一定不易的生理变化。同一的行为在某时候有某种生理的变化，在其他的时候有其他的生理变化。

反之，同一的生理变化往往为二种或多种不同的行为的成分。所谓"畏惧"的本能有时表现于"跑路"，有时表规于"藏匿"，也有时表现于其他的动作。可见畏惧的本能是没有一定的身体的动作的。我们的喜、怒、畏惧等发生的时候，我们身体的内部的变化往往是一样的。这都是近来由实验证明的事实，都足以使遗传行为的观念根本动摇的。

（3）退一百步讲，就是假定一切所谓遗传的行为都有一定不易的生理变化，然而我们也无从证明这种生理变化是遗传的结果。近来细胞学虽然进步得很快，然而现在的细胞学家都不能告诉我们生殖细胞里面有一定的构造或模型可以决定遗传行为的生理构造或模型的。即是最近的胚胎学也不能分别身体上那一种构造或那一种作用是遗传的结果，那一种是环境刺激的结果的。这即是说，所谓遗传的行为不但没有生理的根据，就是有了这种根据，现在的细胞学及胚胎学也不能断定它是不是由遗传来的。

（4）反动派的心理学者往往把"不学而能"（unlearnedness）和"普遍"（universality）两种事实来做遗传的证明。其实，"不学而能"和"普遍"和遗传并没有什么关系。关于这一点，我已经在反对"本能"的文章里面发表了，所以不要再在这里讨论了。

上边的话并不是否认生物学的遗传说的，我们相信身体的构造和遗传多少总有点关系。但是行为和身体的构造不同，换一句说，行为是有机体与环境相交涉时所发生的现象，某类的有机体在某种情境之下，就有某种的行为；既不能用遗传的观念来解释，也没有用它来解释之必要。

第六节　结论

　　我在这篇文里面，虽然不能把行为学的问题详细讨论，然而这里所讲的话也足以使读者了解行为学是个什么东西了。读者对于这种科学若要再进一步的研究及要明了我自己的系统，请参考拙著行为学原理（不久将在商务印书馆出版，分做三部，第一部总论行为的原理，第二部关于各种行为的特殊问题的研究，第三部讨论关于个人的社会化的种种问题）。

　　末了，我还要说两句关于行为学将来应走的几条路。第一，行为学应以物观的实验为根据，关于行为之一切问题都应以实验的结果解决之；一切哲学式的空谈，应根本革除。第二，因为（a）要使反动派信服我们关于一切"意识"及遗传行为等的否认，（b）要证明从前心理学家关于生理变化种种假设之无根据，和（c）要明了行为的真正起源和进化的程度，以及生理变化的确实现象，我们将来不得不从行为的发育和进化以及行为的生理各方面特别做实验的工作。第三，我们不但应有一个好系统，不要和旧的心理学有关系，即是从前所用的一切名词也要无条件的舍弃，而自己采用一副真正的行为学的名词。这是我对于行为学将来的希望。这种希望若能达得到，行为学一定可以变成一个真正的自然科学，而与化学、物理学、生物学等"并驾齐驱"了。

十五，十二，二十。
（原稿登东方杂志第二十四卷第五号）

第三章　取消心理学上的本能说

（原名"Giving up Instnicts in Psychology"，译自一九二一年九月美国出版的 Jourral of Philosophy XVIII，24）吴颂皋译。本篇的主旨，就是取消目下流行的本能说，另于客观的和行为的基础上，建立一个新的心理的解释。

第一节　近代心理学上的本能

本能的学说，虽然与心理学历史处于同样陈旧的地位，然而它这样普遍的用在心理学范围以内却不过起始于近代。考"本能"两字，本来用以表示动物的一种特别能力。上古与中世纪的人们，均相信动物恃本能而生，人类恃理智而生。即在十九世纪中叶，人类心理学上讨论本能的学说，也是不多，直到达尔文（C. R. Darwin）斯宾塞（H. Spencer）两人倡进化论后，本能在人类行为上的重要，始为一般人所注意。但彼时遗传下来的信仰，与许多学者的见解，均以为人类的本能，终须为理智所驱除，因为它是一种非理性的和不正当的行为的形式。到了后来，施耐德（K. J. Schneider）詹姆士（W. James）二人出世，本能足以决定人类行为的动机的主张，方才于心理学中占一重要地位，以为人类的本能，较动物的本能为多；本能与理智的中间，并不发生重大的抵触，这便是詹姆士的主张。

自从詹姆士的学说盛行以后，它的影响所及，遂使人类的本能，趋于另一方面。世人不但于本能的意义不加怀疑，并且视它为人类行为上的一种原动力。于是"本能"两字，几乎在心理学上成为流行的嗜好的东西了。所有一切人类的行为，社会组织的起源，宗教的动机，及其他各种的活动，莫不以本能说明它们。即最近社会上的不安，与劳动节的运动，亦认为社会不能满足本能的冲动的铁证。一般论战争心理的著作家，竟把战争的动机，与战斗的本能，及合群的本能，合为一谈。在弗洛伊德派的心理学家（Freudian psychologists）观之，性的本能，在人类天性中，不啻为最重要的一端了。

本能对于人类行为之重要，在近代心理学的著作中，就是引用千百个证例，亦非难事。现在且以麦独孤（W. McDongall）与桑代克（E. L. Thorndike）二氏之说，分述于下：麦氏之言曰："人类心里头，有所谓遗传或先天的倾向，此种倾向，为各种个体的，或集合的思想与行为的源泉。不宁唯是，此种倾向，实为国家与个人的意志或品性的基本，由此经智慧作用的指导，得以渐次发展。"（注：）桑氏之言曰："人类的行为无论其在家庭，在社会，在国家，在宗教，或在其他一切生活之中，必导源于他的元始而不须学习的能力或本能之中。凡增进人类各种生活的企图，必须对于此项本性，加以考虑；当企图之目的与它冲突或抵触时，我们尤应注意之。"①

心理学家鉴于本能这个名词日趋于滥用，起而倡议反对之者，亦颇不乏人。关于本能的意义，与它所含的各项组织，解释之者，往往不一其词，因此一般研究心理学者，大率惝恍迷离，无所适从，但我们仍可按其相同的地方，将大概情形略述于下：

第一，本能的定义，大概不出二途：（一）行为之先天的倾向；（二）遗传的反射之组合。今先取帕米里（Parmelee）之说，以解释第二义。帕氏之言曰："本能是遗传的反射之组合，由中央神经系所组织完成，所以为一种运用躯体之外界的活动的元素。此种外界的活动，往往为适应的，而表显于全体种类之中。"② 这种见解，一般研究动物心理学的人及行为派中人（Behaviorists）似最为欢迎。至于上述的第一个定义，则自省（或曰内省）派（Instropectionists）中人及研究社会心理学者，都主此说；较诸先前的解释，似更为心理的而非生理的了。麦独孤氏于此曾经有下述之主张："我们可解释本能为一种遗传的或先天的身心倾向（Psycho-physical disposition）。有了这个倾向，我们遂得以感觉与注意于某类之物体。不但如是，我们感觉某物体以后，于其特殊的性质，并可经历一种情感上的刺激；同时又在特殊状态中，表示一种动作；对于这种动作，我们至少得以经历一次冲动。"③

---

① Thorndike, Educational Psychology. Vol. I, p. 4.
② Harm lee, The Science of Human Behavior, p. 226.
③ Social Psychology, p. 29.

第二，本能的定义，既已如上述。现在我们所应该知道的，就是本能往往被当作适应的（Adaptive）或目的的（Teleological）。详细说来，就是各个本能的行为，往往演变成几许生物的结果。换言之，就是使躯体适应环境。例如忿怒，从生物学的眼光看来，则"为迁移阻碍的事物以保护躯体"。又如恐惧，则"为脱离厌恶的环境以维持躯体"。[①] 此项主张，多数生物学家与心理学家均以为是。

第三，讲到本能之性质，论者又不一其词。或谓为固定的，或谓可以改变的，而以后者的主张尤为普通。对于本能可以改变的问题，心理学家主张又各不一。（1）经过后天之实验以后，本能之组织，遂益为完备。（2）经过适应的初始形式的改变，或官能的感觉的改变，本能也随之而改变。（3）当本能组成更为复杂，适应的形式于是改变。[②] 亨特则以为或由躯体自身所受之经验，或受着环境的影响，各种本能在初次发现以前，即可改变。[③] 除此之外，许多心理学家，则以为本能在某生活时期，则发现之，并以为我们如果误用本能，则本能必有失落之患。

第四，心理学家又有视本能为一种对于特殊刺激的特殊适应的，也有视本能为普通的倾向所以适应各种外界的刺激的。桑代克及其同派中的人，主张前说；麦独孤和特来佛（Dreiver）则主后说。

---

① Hunter,"The Modification of Instinet". Psychology Review. 1920，Vol. 27，p. 265.

② Kantor,"Fanerional interpretation of Human Instincts". Psychology Review. 1920，Vol. 27，No. 1，p. 52.

③ Psychology Review. 1920，Vol. 27，pp. 255-261.

研究本能的方法，普通说来，共有三种：（1）发生法（Genetic method 或曰来历法），这是用来观察小孩之反动的。如在小孩初生的时候，有某项反动，表示特别之效力者，我们谓为特殊的本能（Specific instinct）。在小孩子初生时，有一端最为易见者，就是哺乳的本能。（2）至于实验法（Experimental method），则实验的人，每在某种有限制的情境下面，观察身体的自身，但在此种情境中，所谓躯体，欲其得到反动的形式，颇非易事。虽然，此种躯体，仍旧可以成就一种特殊的反动，换言之：就是一种特殊的本能。斯巴定（D. A. Spalding）之实验飞鸟，及斯各得（W. D. Scott）对于歌鸟之于环境之影响的实验，皆属于这个方法，用来研究本能。（3）观察法（Observational method），我们用此种方法，仅足以观察某类生物全体之特殊的动作。如某类生物，有一种动作足以表示他们的特性者，我们即名之曰本能。例如猫有捕鼠的特性，我们即可谓捕鼠是猫之本能。这便是因为它可以表示全体猫类之特性的缘故。

第二节　否认特殊的本能之存在[①]

试观以上所述，我们便知人类有很多的本能。至于本能之种类如何，各家主张，又复不同。因为各家主张，大率偏于武断方面，每以一己的眼光，任意分析之。因此一个人而于社会

---

① 这为文章的论旨与邓拉普（K. Dunlap）教授主文章绝然不同（邓氏的"Are there any Instinet?"见 Journal Abnormal Psychology, 1919, Vol. 14. p. 307-311）。细看邓氏文章便可见他们并不曾否认本能的存在的。他所反对的乃为把本能按照目的论而分类的不合于心理学，现在我们在这篇文章中不但否认本能的分类，并且否认它们的存在。

心理学，素有研究，则其分析本能，必基于专业的反动之说；苟于经济学或宗教素有兴趣，则其分析本能之方法，又复不同。总而言之：各人的主观不同，分析本能之方法，即随之而异，这是我们所不可不知的。

所谓本能并非一种遗传的倾向而为后天的倾向。换言之：即习惯的倾向，在某项情形下面发生某项动作之谓。但我们于此有不可不注意的一点：就是所谓动作的倾向，与实际上的动作显然不同。前者不过是行动的可能，必须当躯体受着相当刺激时，才成一种实际上的动作。行为的倾向，可以渐次发展，成为躯体之先前经验的结果，换言之：就是在受相当刺激时，实际动作的先前组织之结果。我们苟主张有生而长成的倾向，则无异于躯体与外界事物之间，承认有先天的关系。这是因为各项行动，无非为躯体与外界间的相互动作罢了。像此种见解，实与先天观念之说，可有同一的辩驳。从实际上讲来，本能之说，与先天观念之说，同基于一个概念，就是躯体与外界物体间，含有一种先天的关系的概念。倘使主张我们尚未实现一树，或向未知有一树以前，不能有树之观念为然，则我们在未尝食物以前，不能有食物的倾向之说，也就必定以为然了。

现在为解释我们行动的倾向如何发展起见，我们可于下述的举例，加以考虑。一个新生的小孩，当受外界的刺激时，必发生许多纷乱的动作。如有某项动作，得到满意的结果，则必学习之，如得到痛苦的结果，则必规避之。于是更经几次的经验与错误，凡不适用的动作取消之，而适用的则选择之。若此种选择的动作，经过了同样的刺激或替代的刺激而重行发生，则于不知不觉之间，变为反动的习惯的倾向了。今有无数木块，置于小孩子的前面，试看他所施各项反动，必然不同；有时推之，有时拖之，或置于口中，或以足踢之，或伸臂获取之。从这些情形看来，他所施的动作并没有含有目的性，简直是凌乱无章，不合组织的。但倘使那小孩子，无端把许多木块齐集在一堆并且表示此项动作较别项动作更为愉快的样子，则到了下次，如果复将木块置在他的面前，他必定复演习此项动作了。进言之，如果此项动作发生以后，再经若干次的演习，则这个齐集木块的动作，即可成为一个习惯无疑。再进一步说，如果此项反动对别种事物，我们也可相信那一个雏形的建设的倾向，已经成立了。

　　经了模仿及四围的人的勉助，小孩可以造成一个搜集玩物的习惯。当此项反动移向别种事物时，搜集反动的倾向于是成立。所谓道德的本能（Moral instinct）也不过是各种社会势力的共同影响的结果罢了。小孩子自初生以后，就受制于四围的印象，此项印象和小孩子的反动，可以改变外界的组织，而在脑神经单位（Cerebral Nenrons）留一永久的记录。如遇着相当机会，则此项记录，便重行表现出来，而同样的反动，便又发生了。只因为小孩子没有能力去记忆那些势力的源泉，所以下次发生的时候，仿佛是直接从他的本性中发出来的。我们的良知，即是各种社会的同意的结果。各项权力，先由外界影响反于小孩子，然后渐渐的变为内部的权力，因此产生出所谓良知。此种演变，发生非常之慢，躯体之自身，因此不觉着他的变迁。小孩子屡次受他人叮嘱，不要做一件事情；倘使他做了这件事情，他必定为他人的权力所责罚了。他起始不敢做这件事情，只因为他害怕责罚之故；但到了后来经历几次习练，便成了一个习惯。他觉得不做这件事情，是他的本分，不管外界责罚的恐吓，他总不去破坏他的习惯。有时候，习惯也许会改变的。因为他含有一种深刻的不快的情感之故。普通说来，即所谓良知的觉悟。但许多心理学家观察小孩子的行动，往往不去考究那些动作习惯的倾向的来源，而总以本能解释之，这真是令人不解。

其他动作的趋向，发展起来，也是这样的。倘使我们把人类行为发展的途径仔细观察一下，那么，对于四围的势力，我们便不难发现之。所以一般人把行为习惯的趋向叫做本能，无异承认他不懂发展的历史。① 许多心理学家，否认道德的与宗教的动作趋向为特殊本能，固然言之有理，但我们要问：所谓道德的与宗教的本能有什么区别？凡如父母的慈爱、性欲、战争、自恋、好奇、好贪，这几种本能之中，果有什么分别？为什么我们不能否认它？须知否认任何本能，并非真正否认它，不过重新考究别的本能罢了。许多人说没有所谓道德的与宗教的本能，他们不过是别的本能的组合罢了。但讲到所谓别的本能，便没有几个心理学家再肯去讨论它和研究它了。

心理学家往往以为本能是有目的性的。某项反动，造成某项结果。要是这种反动不经先前的教育而后成功，则他们叫做

---

① 辟而斯褒利（Pillsbury）似曾明白地承认说：我们把那些反照唤为本能是因为它们不能用经验来解释之故。见他的 Essentials of Psychology, 1920, p.268.

本能。例如倘使一只小鸟，向未看见他鸟造巢，或向未来曾学习造巢，那么，他所造的第一个巢，就叫做本能的结果。但是最后一个反动，可以包括许多机械的组织，或别种附属的动作。并且因为偏重这个最后反动（即是本能）起见，此项机能的组合（Mechanism）与附属的动作（Subordinated Act），或者反而不注意了。行走在往当做本能的动作的结果，但要问行走在这个动作之中，包含多少机能的组合？躯体运动、头的运动，以及四肢的运动——总而言之，全身的运动——必定附属在这个动作之中。行走的动作才能发生。从这点看来，我们既然知道在这个动作中，包含各项机能的组合，我们该再称行走是个本能么？要知道战斗、性欲，及别种本能以内，包含了多少机能的组合，多少附属的动作。像这种机能的组合，我们果能知道了多少。我们当听得人家说有几项本能，除非它们所包含的各项机能的组合，发展到可以使用的时候，不能发生功效。譬如性欲（Sex）一项，据他们说来，非等到它们所包含的机能的组合成熟了，决然不能发生作用，那么，既然这种本能没有自己预备好的机能的组合，我们还可以叫它遗传适应么？

进一步说来，所谓技能的组合，其组合的方法，亦各不相同，可以产生各项不同的反动。战斗本能中所含动作的元素，或者与飞的本能中所含的，并无分别，猫的捕鼠的行动，或者和游戏本能中所含的，也没有一点区别，然则有时候，我们费了同一的精神，考虑同样的机能的组合，专去研究一个本能，岂不是利于此而损于彼么？我们看见许多没有晓得的动作，必定以为是新的组合，谁知组成这项动作的元素，却和这生物之历史一样的事了。

　　许多心理学家，大率仍旧主张本能有个一定遗传的神经上的模型。然而像这种概念，按诸多数设想的本能，决然是不可能的，所谓本能的反动，是变化的，普通的见解，大概以为如此。斯温特而（Swindle）曾经记述过：就以鸟的造巢一端而论，一般人往往以为这个动作，是完全而一定的。谁知它们对于外界刺激的适应，十分不同。① 当我们不能于本能中寻出一定的适应时，对于其中有一定遗传的神经上的模型之说，往往就表示怀疑了，然则所谓的本能是有目的的主张，将变为动作的倾向的见解了。② 但是我们已经知道所谓动作倾向，是后天的，不是遗传的。

　　各种研究本能的方法，也不足以令人相信，发生法似乎比较别种方法便利得多，但是没几个可以证明本能的结果可以得到的。从婴孩发现的动作，是无数没有组织的与不合理的动作。在它初生或刚才生的时候，没有所谓特殊的本能可以发现的。倘使研究心理学的人，把没有组织的动作表列在一起，那么，对于他用本能这个名词，我们将无所用其反对了。但倘使在小孩初生的时候，某项反射动作，并未发现，而他偏偏把这种反射动作叫做本能，那么，我们实在要反对他了。为什么呢？因为我们要知道，凡是一个人后来机能的动作，就都是简单行动的有组织的反射动作。

---

　　① American. Journal of Psychology，1920.

　　② 参看 E. C. Tolman 的 Instinet and Purpose，Psychology Review，1920，Vol. 27，pp. 217-233 尤其是 222 页。

普通观察法，也非十分适当，按这个方法而论，凡某项反动，足以表示某类动物的特性者，都可叫做本能。然而我们苟仔细去分析它，便可知道，某类中的动物，固然有同样的反动，但这并非因为它们的同样的本能是由遗传得来的。易言之，因为它们处于同样的环境里面，并且得到一种遗传下来相同动作的方法，所以有此同样的反动的表现罢了。如果两种动物的过去的经验，与那时候生理上的状态，都是相同，那么，它们在同样的环境中，必定发生相同的反动。一等到环境改变了，它们反动自然也随之而改变了。

进一步观察，群中势力，也是很重要的。它足以使人类的行为或生物的行为，变成相同。这项势力，自人或动物初生时，便可使它受着影响。懂了斯各得氏对于鸟鸣与群中势力的实验的结果，我们就可明白，只去观察同类中的动物所具普通的行动，实不足以证明本能的存在。

这种对于动物本能的实验，如其结果不佳，自然足以否认本能的存在。即使有良好的结果，我们也未尝不可加以批判。各种生物，虽可以不须教育而组成反动，然所以使它产出此项结果的机能的组合，却和这生物的历史同样的旧。这句话，我们可是早已表明过了。所以现在讲到在新的环境要求之下，我们或者有把旧动作重行组织的必要，但所谓机能的组合，仍旧是一样的。要是有人想实验鸟类，可以不经学习或不经他鸟的指示，而造成一巢，那么，他于下述一项事实，必不可以忘却：就是产生造巢这项动作的机能的组合，和别项附属的动作，完全与在捕食、战争、飞翔，那几项动作中所包含的没有两样。

斯巴定对于鸟飞一事，曾经实验过，但我们可以一察他是否确实。斯氏曾经把新哺的小鸟，关在笼中，不许开展它的双翼，并且禁止它瞧见众鸟的飞行。一直等到别个鸟到了成熟的时期，可以飞了，才放它飞去。斯氏看见这只鸟飞得很好，所以相信鸟实在有飞的本能。其实从我们眼光看来，这个结论，完全是错误的。因为鸟所以能够不经学习而能飞去，实由于它的机能的组合已经成熟的缘故（双翼的长成，不过一种）。只要机能的组合一样成熟，环境的要求又是一样，一定的反动自然可以得到。换言之，就是飞的机能完备了，四围的境地又有强烈的要求，这个小鸟自然会飞去了。总说一句：所谓不经学习的动作并不是先天的适应（innate response）的表显，不过是新的环境与所以产生这种动作的机能成熟的结果罢了。所以生物的行动，应以四围事物的关系解释之。至于它的动作的元素，似乎不能叫做先天的或遗传的适应。除非细胞中有先前形成的胚胎，生物总没有先前形成的各项反动。为了"本能"这个先天的概念，许多心理学家，便不注意于新的环境的重要。这个要点，实与各项设想的不经学习的动作，十分有关系的。他们不去观察与解释所以产生新动作的环境，却竭力想去考究本能，那真奇怪之至了。

　　由此而言，我们对于按时发现的本能，可谓立于反对的地位了。所谓"迟缓的本能"（Delayed instincts 如性欲，父母的慈爱等，均是），我们苟能实际证明之，则当视为一种机能变化的结果（例如性欲的机能，在发生时，改变他的组织，同时引起内面新机躯的刺激）和外界情境改变的结果，不可当作什么神秘势力的表现。生活的状态，及机能的组合，经了发展与成熟，便发生变化；由于这种变化，行为的新式样，乃随之而生。然而我们要问：心理学家，不误解此种情形，以为本能是突然表现的，究竟有多少呢？

讲到一般心理学家，何以主张本能的存在当作行为上最重要的东西，至少有两种动机可以分述的：第一，他们必以为每个本能，有适应环境的作用。受了达尔文的生存竞争与自然选择的学说的影响，研究心理学者，往往喜用生物学上的名词解释动物的特殊的反动。他们每辩称，就保存各个生物或生物全体的生存而言，本能实是最重要的东西。这种本能，因为有适应环境的能力，所以仍旧保存在生物中，没有淘汰，而传之后代。但此项见解，从理论与实验方面看来，都是没有理由的。

第一层：此项本能在某时代中，或有适应环境的能力，但在各时代中与各种环境之下，它们都能适应么？倘使本能果能永远维持下去，那么它们将不能保存各个或全体生物的生存，将不能适应新的环境了。证诸这些民族的文明日日进步不止的情形，刚才所说的，我们实不难信他。现在社会的情形，变迁得这样快，恐怕现在的人，不能依照从前的人发生相同的反动。万一我们仍旧遗袭数千年前祖宗所有的本能，用来应付现在瞬息万变的环境，岂不是一桩蠢事么？

第二层：——这也是最重要的一端，我们要知道初生小孩子的特殊作用，并不是适应的。反言之：苟能观察小孩子的行动，我们就可明白，除了与生存机能有关的反动以外，各项行动大都是不适应的。即使能够适应，亦是十分恶劣的。一个小孩子，对于有危险的刺激，往往表示一种积极的反动；同时对于有利益的，却表示消极的反动。说起来很可笑，就是小孩看见了火，或是毒蛇，往往想去捉拿他，这种动作，决不能说是于他有利的；那么，小孩子的反动，既然不常适应，却何以能够生存呢？这是由于四围的势力，替他把有危险的刺激用人力来取消的缘故。小孩子生在社会中，各项外界的刺激，早已被社会限止了，因此他没有多少机会，可以使用不适应的反动。① 小孩子的时代，是个没有自助能力的时代。必须靠社会上的人的保护，他才能发生适当的动作。从此点看来，以为小孩子的先天的适应环境的能力，含有生物学上的价值，未免不懂得下述一句话了，——小孩子自从呱呱坠地以来，便是由社会（此处社会盖即指四围的众人）去保护他的。

我现在所要反对的：就是研究心理学者的第二种动机。按他们的主张，本能是一种冲动，足以养成主要的动力，而使生物发生各项动作。我们姑且再引麦独孤的主张如下：

"人类心里头，有某种先天的，或遗传的倾向。这种倾向，为各种个体或集合的思想与行为之源泉。不宁惟是，此种倾向，实为国家与个人的意志或品性的基本；由此经智慧作用的指导，得以渐次发展。"②

"如果将人类的本能，脱离冲动，则躯体决不能发生任何种类的活动，仿佛像一种奇异的钟表机器，内中主要的发条，已经除去了；又像一个蒸汽机，内中的火力，已经消除了，一点

---

① 参看 Watson's Behavior, pp.257-258.
② 参看 Social Psychology, p.19.

动力都没有。所谓冲动，就是心的原动力，所以维持与形成各种社会与个人的生命者。并且在这种冲动之中，我们可以烛见生命、精神、意志等中间的一种神秘。"①

试观以上所述，可知麦氏及其一派中人，深信所有人类各种活动的动机，皆由于本能的发生所致。但我们于此，不得不表示一些怀疑。我们试一观小孩子的行为，便可知道，那新生小孩子的动作，都由外界刺激而生并非由内而动力而使然的。关于这个见解伍德沃斯（R. S. Woodworth）教授曾有下述的言论可以作为引证：

"这种躯体的自止力的见解，虽然按诸成人，似乎正确，但施诸儿童则殊为变幻莫测了。然则何以施诸儿童，便结果不同呢？良以儿童的动作，大概受制于原始的倾向，而长成的人们已经发展他们的机能，故不可相与并论了。无论何事可以表示儿童的特性者，便可引起动作的发生。试观一个哺乳得当，或坐卧有时的小孩子，当他四肢开展，或四顾瞩望，注意于人声的时候，我们对于他维持或指示这些动作的冲动，往往表示惊奇的态度，而欲考究其性质之所在。实在讲来，即使小孩子在饥饿时，我们也看见他为了内部冲动的驱使，经过各项预备的动作，用来攫取食物。小孩子却总是适应于各种刺激，并且往往为外界势力所左右的。年长的儿童，发生各项游戏，我们也难找见他们游戏的原动力，这便是因为差不多各项事情，一遇机会，都可以变成游戏，以致难以发现他的动机了。照普通议

---

① 同上，p. 44.

论说来，个人长成以后，他的动作，比较为内面的动力所束缚，而不为一时外界的刺激所驱使，但就成人而论，较麦氏所论，殊为缺少自止性。须知成人的行动，容易发生，比较麦氏的主张，似乎不需如许内面的动力。"①

但我以为从成人的情形看来，似乎有些不同。照伍德沃斯所述，成人的行动，比较的为内面的动机所制服，但是所谓内面的动机，并非忽然发现于躯体内的一种神秘势力。反言之：它必有它自己的发展和历史。换一句说：它不过是躯体和环境间相互动作的一种结果罢了。所有人类的行为的原动力大半由于社会所形成这句话，我们可以相信的。我们生活在某种的社会中，就得到某项行动的原动力。这并非社会或群众的本能形成这样社会，乃由于人群间常常交接，遂使机能中造成这样的社会性的倾向罢了。一个人喜欢生活于家庭中，并非他初生时本来这样的，实在是因为他生活的方法是那样的。一个生物，苟非和别个生物时常接触，不会有社会性的。假使当小孩子初生的时候，就禁止他和群众或社会相接触，则一种人类共同的动作的动机，试问他果然有没有？麦独孤及其一派的人以为强有力的冲动，为我人行动的源泉，实在忘却了习惯的倾向的关系，而反注意于所谓"本能"这个名词了。麦独孤曾引证戈尔登（F. Galton）的记载，以表明南非洲的牛有集众的本能，他说道：南非洲的牛，方在群中的时候，对于同伴，没有多大情爱，并不十分明白它们集群的重要。但倘使让它离开群众，独

---

① Dynamic Psychology, pp. 64-65.

住在一处，则那个牛，必表示一种十分不高兴的状态，不欲居住，非等到它仍旧接连看群牛不可。那时候，它每每要立刻走入群中，想法子同它的同伴接触：① 麦氏这番话似乎对于牛的习惯的倾向而言，并非指它合群的内部的倾向而言。因为假使那个牛向来没有住在群牛的中间，那么，它是否表示一种同样的反动，我们要怀疑了。据我个人的观察，我们若把一只白鸽，放在一个静寂的地方，不许它和群鸽接触，它就是有机会接触群众，也要离开它们的。

为解释这一点格外清楚起见，我们可再引据一个例，就是从惠特曼的鸽子的行为（C. O. Whitman's Behavior of Pigeons）一书中，引证一段。倘使某类的一只鸟，由另一类的鸟哺养它，则它长成以后，必喜欢向哺养它的一类鸟求配，例如一只雄的送信鸽子，在初生的时候，由斑鸠哺养它，并且从小同那类的鸟共同居住，那么，到了长成的时候，那只白鸽，必然预备和斑鸠求配。而不肯为同类所诱引。我于是把它脱离了斑鸠，大约一季之久，以为这样一来，它可以和它的同类求配了。孰知大谬不然，它总不肯去接近同类的雌鸽；一听得或瞧见斑鸠，它便立刻表示十分的注意。②

关于这种现象，卡尔氏（H. Car）、亨特氏以为求配的本能，在初次发现以前，已为习惯所改变。这样说明，很是不易捉摸的，因照他讲来，鸽子必然有和同类求配的本能。但我们

---

① Social Psychology, p. 84.

② Whiteman, C. O. The Behavior of Pigeons Carnegie Instinction, Washington publication No. 257，1919，p. 28.

以为鸽子和同类或异类的鸟求配，是一样的自然趋势。在这种情形之中，没有一种本能，可以改变的。所不同的，不过因为那只雄鸽子，在不同的环境之中，哺养到长大，所以发展一种不同的求配的状态罢了。惠特曼也曾发现雄鸽和另一只雄鸽成对，雌鸽和另一只雌鸽成配的事实。有许多雄鸽子，往往拒绝和雌鸽子结配，而情愿与无生命的物体（如树木花草均是），或竟与实验者的手指，发生一种交媾的状态。① 这种事实，并非变态，在鸽类之中，并没有什么性欲的错乱（Sexual perversion）。须知所谓性欲的本能，并非专指异性的交媾而言的。然则求配和交媾那些事情，为什么常常发生在同类的异性之间呢？那便因为同类的生物，往往同住在一个社会之中，因此异性的交媾习惯，自然易于发展罢了。反言之：倘使一个动物，在初生时，由另一类的动物去哺养他，则一种和异类的求配习惯，自然可以养成，正如惠特曼所说鸽子的事情一样了。如果把它脱离任何群众，而任它自己长大起来，则养成一种同性交媾，或甚至自淫的习惯，亦未可知。从自然科学家的眼光看来，无所谓性欲上的变态。须知所谓性欲的颠倒，不过是一种社会的道德的问题，与生理上论的组织，丝毫没有关系。现在且把我们所要注意的一点归纳如下：我们所谓性欲完全是群中刺激的结果。各种生物，并没有预储的反动，可以施诸异性方面，也无所谓先天的观念。

---

① 此种同样的现象已有许多人重复地报告过；著者亦将发见过这种同样的现象。

第三节　关于人类的初始的组织试拟一个新解释

我们现在拟定一个人类的初始适应的新解释。此项解释，与目下流行的本能的概念，全然不同。因为缺乏相当实验的论据之故，我们的说明，或者不免近于独断，但是我们总竭力用客观的名词说明我们的主张就是了。

第一，天赋小孩子无数反动的单位（Units of reaction）。所谓反动的单位，就是简单的动作，我们后来各项联对的活动，即由此而组织成功者。我们从小孩子身上寻见自然的活动，与不合系统的动作，那便叫做反动的单位。初生的婴孩，有一种特性，每每容易发生动作，并且这些动作都是非常活泼的。他可以做成各项行动；凡耳、目、口、鼻、四肢、身体，都无有不能产生行动。华生尝曰：试用各种方法，刺激那小孩子，这些行动，便渐次扩大，连续不断的发生了。如就内部刺激的势力之下看来，例如因饥寒交迫而战栗万状，或因情感刺激太甚而面色遂变，血流骤涨；则此项行动，将更为连续不止。如在痛苦的时候则此项行动的次数，必然增加无疑。① 看了这样自然而不合条理的动作，我们可以相信，人类确有本来的动力。② 但这种本来的动力，不是特殊的本能，因为他们属于反射的性质，并且包含极少神经上的模型（Neural patterns）之故，与许多通行的观念，以为本能是很复杂的模型，真是大不相同了。

---

① Watson：Psychology，p. 270.
② 情绪为遗传的反应这个假说是很可疑的，著者拟于最近之将来中详细讨论之。

其次，除了和生生的机能有关系者以外，小孩子的各项活动，在性质上，都是非适应的，试看了小孩子在初生的时候，发生某种联对或并连的反动，例如两眼的合作动作（Eye coordination）及啜乳的反动。① 我们对于华生氏的意见，便可表示赞同。易言之，就是小孩子所有不合条理与不适应的动作，往多超过并连的与适应的动作。此项见解，证诸普通的观察，即可相信了。小孩子的多数动作，是没有目的没有注意的。对于外界各种刺激，他都要去适应的。如把任何一物给他，他必努力去执着它，而放在他的口中。倘使放在他的前面，则或以足踢之，或以手攫取之，均无不可。凡像这些动作，并没有一点生物学上的价值，这是我们深信的。小孩子在能够站立或走路之前，必经过多少试验和失败，始能成功。但一群心理学家，一方面主张小孩子的神经上的模型，是由遗传得来的；他方面对于小孩子发生种种困难去连续他的动作，却没有观察到了。

又次，此项反动的单位，是完成躯体的连带动作的唯一元素；我们可用手与眼的连带作用，表明这道理。华生曾经发现小孩子的视线，能够及到烛光，大概在第一百二十至一百三十天之间。小孩子的更为复杂的组织，则可在行路的动作中发现之，因为行路之中，可以包括头部、胸部、四肢及身内其他各项连带的行动。如以读书或写字而论，则各项连带的动作，似乎更为复杂，写字时，含有手指、头、身及双目的连带行动。

---

① 这种并连的动作是否是真的先天的反应，也是很可疑的。生下后或即在孕妊期中，习惯已在开始养成了。我们仅有理由可以相信那些并连的反应乃是有机体的最初的习惯。

读书时，则含有目、手、舌、眼以及发音的机能种种连带行动。如以我们奏钢琴而论，则连带作用，比较以上所述，更为复杂了。我们先有四肢及普通身体上的行动，然后有视觉与听觉的机能的行动。在唱歌时，则我们并且有舌、唇及发音的机能的行动了。实在讲来，如果奏钢琴者低声唱歌，则各项暗示的发音行动，也是不难发见的。

不但简单的动作可以完成一个动作，就是有组织的动作也能发生各种组合。我们只要举一个例，便可说明此意。普通小孩子，在六七岁时候，在行路或各种机能的运动中，每有多少连带作用的程度的表现。假使有人教授他跳舞的技能，则新的连带作用，又为必需了。脚的步伐，必须同他的听觉有连带的可能，全身体的行动，又须和步伐有连带作用。所以这种动作，并非从原有反动的单位直接组织成功的，不过就一种重复的连带作用而言，他的组织的元素，多少总组织在一起罢了。

又次，讲到反动的单位组成各项连带动作，内中含有几个特殊的性质，我们也要加以注意。

（一）此项组织的顺序之中含有选择与消除的作用，我早已说明过。初生时，婴孩的动作，多是不适应的。必需经过了许多试验与错误，方才能发生适当的动作，唯其如是，所以在小孩子各项没有条理的动作之中，自然的选择，常常在那里活动的。但从教育的眼光看来，还有一种更为重要的选择的元素，那便是受社会控制的选择。一个小孩子，每有非适应的反动，我们上文已经说过了。小孩子对于外界危险的刺激，往往不能正当的去适应它，所以为保护小孩子免其受着伤害起见，社会应该把那产生不良的反动的刺激，尽力去除之。然则教育的方法，从这个意思讲来，不在乎他，即在乎设法控制环境，即在乎使小孩子不致有发生不正当的反动的可能。

在这个情形之内，教育尤有一个重要的功用。大凡从试验或错误中，或从自然的选择得到适应的反动，总是非常迟缓而且费力的。在原始社会中，人民的生活，十分简单。社会对于个人正当动作的需要，不比现在的时代这样复杂。所以那时候，我们仅可任人民自己去决断动作，不需一些教育上的帮助。至于近代社会，组织方面，既日趋于复杂，社会对于个人的要求，又益为重大。因此如果小孩子一人留在一处，不经旁人的帮助，他自然不能满足社会的要求了。进一步说来，倘使学习的顺序和方法并不设法改良之，则个人的时间与精力，决不足以使他得到必需的知识，可以断言。由此观之，教育方面，实在含有根本上的纠正的必要了。须知教育的根本的动机，在乎引导各个人，使他用最经济和最有实效的方法，去适应社会。经了指导和训练，各面无用与不适应的动作乃可以消除，而正当的动作乃可以成就。总说一句：教育心理学上的重要问题，就是学习的效力的问题。

（二）引起躯体间的某种适应的刺激，常常发生遂致刺激与适应间的关系变为十分密切，那便是我们所谓特殊的适应，或普通所谓有习惯的动作了。我们习惯的动作，是刻板的动作，是从简单动作而组成的动作。普通讲来，同一的刺激，愈常常表显，则对于此项刺激的反动愈变作特别，而习惯愈为坚固，愈不容易变更，这是一定之理。

（三）从他方面看来，因为新的环境的要求之故，我们原有习惯的各项行动，仍不免有重新组织的必要，各个人的先前习惯不同，所以重行组织起来，也是不同，这句话，是十分真切的。然而有许多人的习惯，太坚固了，太刻板了，差不多不能经过何种的重行组织，因此那些人对于新的环境，往往不能去适应他。反言之：也有许多人的习惯，变更起来很是容易的，因此在新的环境要求下面，往往容易去适应他。由此以观，可知习惯是否易于变更须视个人本身的经验是否丰富为断。经验上的刺激愈多，或刺激有变化，则个人组成的反动愈不坚固，愈易于改变，这也是一定的道理。

　　讲到这里，我们应该注意于自由教育的重要了。从心理学的目光看来，自由教育可以供给个人各项经验。有了此项经验，个人便可立刻适应新的环境。所以在教育上，适应环境的训练，比较专门之学，还是重要。但有一点须申明的，我并非以为专门之学不足视为重要。不过觉得在近代教育中，对于此项训练，实在太不看重了，过分注意职业教育，便于普通教育有些损害，这固然不错，但我们仍要记得，个人的学问和职业愈专门愈特殊则他应付瞬息万变的环境，愈是困难，愈有失败的可虞。

　　（四）由简单的动作组成复杂的反动，这种步骤和方法，大率依靠环境的性质而定。我们的日常动作，全是环境的要求的结果；我们行动的倾向，全是躯体和环境间互相接触的结果。假使一个人生长在一个高尚文明的社会中，他可以得到一种强烈的父母慈爱的倾向，可由家庭而推诸人类，由人类而推诸一切生物。反面说来：倘使他生长在杀人越货的民族之中，那么，他或许得到一种喜欢杀人的习惯,亦未可知。在第一种环境之中,他的初始的倾向,渐渐变为慈爱的态度;而在第二种环境之中,则变为暴虐凶恶的态度了。大慈大悲的佛与饮血茹毛的人,当然不同。但这个不同,大半由于习惯的与后天的性情,并非由于原始的组织之故。这个原理,用来观察一切生物,也都是对的。送信的白鸽,倘在斑鸠中哺养长成,一定要拒绝和同类的鸟求配。小鹅从小的时候,不住在水里,便要拒绝到水里去。小鸡不由他的母鸡哺养到大,或许不肯跟了母鸡行走,而跟他类动物走路。我们不必为解释那些现象起见,便说主张本能可以消失,或可以改变,要晓得本能消失与本能改变的学说,完全是没有科学上的理由的。

心理学家往往有一种误解,以为某项反动而为某类生物共同有者,则属于本能之绝对的一类。如此项反动发生变化,则谓为本能的消失,或本能的改变。实则无论各个生物都没有特殊的本能,只因为环境的要求不同,所以各个生物的行为发生不同的式样罢了。倘使那些心理学家能够了解这一点,则方才所述的两个主张,必然是错误的了。

环境的性质足以决定反动的系统如何组织,由此便发生社会的共同性及发见于职业中与各种行为中的个性的差别。① 在任何社会之中,必有某种群众的刺激,为群众各个人所共同受着,

---

① 个性的差别之关于道传者乃只组合基本的动作成为各种复杂的反动系统的可能性的程度上的差别罢了。Woodworth "和" Thorndike 等所主张的先天的能量说(The Theory of Native Capacities)之不可用,正与本能说相等。

而可以产生相同的反动。反言之：群众的势力亦至为复杂，而易于变化，因此在相同的环境之中，两个人或不能得到同样的生活。不同的经历及不同的训练，可以造成各人的个性，其故便在乎此。

由反动的原始单位组成复杂的系统，此项现象比较社会上发生的刺激，似乎更为可能。人们的潜伏的能力（Latent potentialities），比较他们实际上想象的来得多一点。然而从他方面说来，社会对于个人所供给的机会，比较他自己能够使用者更为多些。任何一个人，决不能在同一时代是个政治家，教育家，诗人，科学家，工程师，矿师，或植物学家。当个人的发展到了极点，要想把他的反动的系统，重行组织，这是非常困难的。每个人，到了三四十岁左右，虽然他有各项职业的可能，然而讲到改换职业或得到新的生活的能力一层，他必然觉得十分困难了。

（五）反动的原始的单位是一种组织的要素。由此我们的各项行动，都可直接发展起来。这个情形，按诸小孩子，可以格外明白。从成人方面看来，习惯的造成，大概由于旧习惯之重行组织，而不由于简单动作之直接组成。人类行为的发展，必然从简单到复杂，由没有组织的到有组织的。人类之反动的系统，往往是有阶级的组织。每个新习惯，必取旧习惯而变化之，而利用之。往往在简单的反动的系统上，我们建立复杂的组织。总而言之：我们长成以后所得习惯的元素并非反动的原始的单位乃是先前所得的习惯罢了。我们决不为学习舞蹈而学习走路，决不为学习打字而习练眼与手之连带行动。因为那些简单的动作，我们在小孩子时代，已经得着了；我们所只要做的就是怎样从简单的动作组成复杂的系统，如此而已。华生说道：叫小孩学习修剪指甲，比较叫工程师学习建造飞行机，所费的时日似乎多些。这个比例，实在是不错。因为小孩子的反动的组织，十分简单，很难使用新的习惯而成人的反动已经组织完满，所以要他得着新的作用，自然容易了。

由此以观，人类行动之发展实在是反动系统的组织益趋于复杂所致。但这个道理，多为主张发生的心理学家所轻视。从前发生派的心理学家，只知道研究本能的时期的发现，不知道把行动之复杂组织分析为各项简单的元素。质言之：他们只知考究本能发展的各项步骤，至于每个时代，同前后的时代发生何种关系，他们却很难去察见的。他们或许偶然注意于初生婴孩之自然的与简单的行动，至于成人之复杂的动作，得以分析为简单的动作，他们却永远没有了解过了。他们不管确切与否，每以为在某个时代，小孩子必发生某项行动的形式，但讲到它怎样能够发生，他们却没有考究过了。像这种研究的失败，一半固然由于缺少相当的实验，然大概的原因，就是因为本能的先天概念的错误，尤其是主张本能的定期性的观念的错误。总之：从前发生派的心理学，实在是失败了，另在完全客观的和实验的基础上，重行组成一个系统，实在是必需了。但要想做到这件事，我们必须先行取消本能说的武断，而研究人类行动的发展，必须注意于反动的组织，日趋于复杂；必须观察它怎样直接或间接的从反动的原始单，组织成功。进一步说来，影响于反动的系统的组织的环境势力，我们亦应十分注意的，我们为解释行动的发展起见，应该注意于特殊的刺激，与特殊的适应。倘使我们仍旧斤斤于本能之说，当作它是机体中的特殊的能力，那么，对于人类行动发展的真实的了解，未免有些阻碍了。

最后一点须申明的，就是有许多简单的动作，与别项反动的系统，并不发生关系。终其生物的一生，他们总是独立的，他们总是自身去适应外界的刺激，而不受他项反动的影响。这种动作，才属于反射动作的范畴（Categories of reflexes），例如"打呵欠"（Yawning），"打喷嚏"（Sneezing），"目语"（Winking），及"膝膝"（Knee-jerk）均是。

结论之时，我们要表明一句：就是我们所讨论了好久的学说，并不是新的学说。小孩子各项自然的，与没有组织的行动的重要，华生教授已经言之详尽了，然而我们的意见有不能与其相洽者，即华氏以为此项行动之外，又有所谓先天的反动（innate reaction），便是本能。实在讲来，华氏对于初生小孩的行动，试验的结果，除无数没有组织的行动外，并不足以表明特殊本能的存在。因为不能够在小孩子中寻见特殊本能之故，他便不得不主张本能发现的定时性一说了。

此项主张，完全没有科学上的证据，本篇中所反对的，即在乎此。犹有进者，他接受了许多时下所排列的本能的主张，也足以使他自己的本能的定义受一大打击。因为我们已经明白，此项本能的适应，含有许多变化的可能。我们要想在此项本能之中，发现一定的遗传的神经上的模型——这便是华生氏对于本能的概念——是十分困难的。根据这个道理，我们便不得不否认华氏本能之说。因为我们早已发见过,小孩子所有自然的与没有系统的动作,已足以解释成人所有行动的复杂的与有组织的形式了。然则我们万一仍旧主张特殊本能的存在,岂不是对于人类行为的真实的了解,明明无益而有损了么?

(原文载美国出版的哲学杂志第十六卷第二十四号)

第四章　我们的本能是怎样获得的

How Are Our Instincts Acquired

胡寄南译

在取消心理学上的本能说一文内，我企图废除流行着的本能的概念，并且建议一个新的假定，以为实验的发生心理学（Genetic Psychology）的基础。但从该文发表以后，就引起了许多关于我的论旨的讨论。那些讨论，看去好像集中在我的建设的观念——就是反动单位（The reaction unit）的假定——上面，比在我的非本能说上而为甚。虽然非本能运动似乎不曾完全遭人家拒斥，是一件足以鼓励的事，然而许多人对于这运动的动机，尤其是对于我的论旨的方面，不免有误解的危险。例如盖格尔（M. Geiger）先生引及我文时，拿"反动系统"（Reaction system）代替了"动作系统"（Action System）①。这样一个替代——其实他的全文——都表示他对于我论旨的中心点没有充分了解。所以我势不得不更小心地重述反动单位的假定，并且对于怎样得到习惯或"本能"的程序上面试下一个分析，来使我的建设的观念更充分完善。我现在要求读者原谅，在我未陈述我的正面的观念以前，我要对于本能派学者，下几个不大客气的批评；因为除非我先把本能的概念对于心理学（尤其是发生心理学）上的害处指明出来，读者必要对于非本能运动的有用与否，发生疑问了。

第一节　为什么要反对本能

1. "本能"是一个完结的心理学（Finished Psychology）——假使我们把本能推原起来，我们知道这是原人的一种概念。原人因为不能解释行为的仿佛神秘的性质，所以就归之于神明，以为神明赋予动物某种能力，使他们如此动作。无论原人把这种神力叫做本能与否，近世心理学者对于本能的观念，直与原人无异。自然，我们自以为我们对于本能的观念，比原

---

① 动作系统这名词，我意是总括有机体的全体组织和觉官及反应官的构造。我绝对不涉及本能学者所认为本能的生理的基础之先天的神经组织（Pre-established nervous arrangements）。一个有机体所能为的动作的数目和式类，大抵由于它的生理的构造——动作系统——所决定及所致使的。一个有机体假使是没有翅翼，决不能飞翔，假使没有手，决不能使用器具，这是显而易见的。本能一词，无论本能心理学家如何解法，终不能臆断本能的存在。至于反动系统呢，我以之作为直接或间接从反动单位所统一的有组织的习惯的反应解。

人来得"科学的"多了，因为我们已经用了"遗传"两字来代替"神明"，〔而且心理学者和生物学者常常以为本能，情绪和特性的遗传说，自孟德尔（G. J. Mendel）律为豌豆的遗传所这样确信地证实以后，是不必再有所争论的了！〕但是这种所谓"科学的"本能概念，除了代替神明二字外，对于行为的解释究竟有多少贡献？一点也没有什么！这种解释，于正待说明的许多行为的问题上面，愈说愈远了：要是人家问你为什么一个人转向右边或是转向左边，你只说这是本能，就自以为已经解答这问题了！要言之，本能是已结束的心理学，并且是个实验的发生心理之障碍物。

我们可以做好几本书，来把本能下定义或重下定义，分类或再分类，随我们的意。不过这是我们对于本能所唯一能做的事了。当我们遇着有时候，人家定要我们拿出关于本能存在的证据来，我们因为实在找不出证据，就不得不胡说，本能是有的，而因为给习惯所掩没或变化，所以我们几乎不能把本能的纯粹形式找出而加以研究；我们有时说本能还没有到成熟之期，所以没有表现出来。不但如此，有的时候我们不能把某种本能找出，就臆说那本能已经消灭了。如上所述，种种本能的变化说，消灭说和定期表现说，是不是遁词？是不是都因为本能学者面对事实之后，没法找寻出真理，而用以自欺欺人的么？能够不用这种搪塞之词来辩护本能学说的心理学家，究有几人？而且我们须要注意，像这样立说的本能是断断不能加以实验的，试借一句哲学的口吻表之：本能是"超"实验的东西了。

无论反对本能者同意与否，我相信，我们否认本能的主要动机是在把心理学从"安乐椅中的玄想"（Armchair speculation）救出来；我们是要从发生的心理学里面将这块障碍物除出。我们以此为立基于实验的发生心理学的首关。一切关于本能的著作都属于华生所说的"安乐椅类""Armchair varieties"（当然我自己的著作不是例外），这些都是我们没有诚意的去用渐进的科学的手续以研究行为的发生的表示，这也就是我们没有耐心去做麻烦的实验的表示！有些人以为我们反对本能的目的是在心理学中得应用较好的名词。这绝对的不是我们所向着的目标。假使这不过是定义和名词方面的事，那么，我们这般郑重地要求本能概念的完全废除，简直是愚蠢极了。实在，如果我们不能激引起一般对于行为的发生上面的实验研究，如果我们企图建设一个纯粹的发生心理学（Genetic Psychology）而不能成功，如果一切非本能运动的结果不过是口舌辩论的事，那么，我们势将合于亨特教授所说的，这运动的光景是非常沮丧的一句话，而我们也要犯我们所责备本能学者的同样的罪，就是，把本能只当作一种纯粹空想的题目之罪了。①

2. 关于本能的实验研究的进一步的批评——我们现在看去好似正遇着困难，就是，我们现在正遇着所谓动物的本能的实验证据了。在以前一篇文内，我们曾经指出：虽然一个生物可不藉先前的教育成就某种结局的效果，但是，产出这个结果的成分动作是后天得来的。不过这种说，照亨特教授的意思，还没有充分理由足以否认本能。他说："如果单主反应分子（Elements of response）已经操练过之说，以否认延宕的本能（Delayed instincts）之存在，是不能令人信服的。有时在习惯养成的势力已用实验法所限制而可任以忽略的情形之下，分子有一点儿骤然地组成一个很显著的新反应，这个必须要拿来说明一下。"在此地我们不得不承认亨特教授的抗议是很有力的。诚

---

① 我们须要注意的是：我们不单否认人类的本能的存在；一切动物，正如人类一般没有本能，前二年中一班著者［若康托尔（J. K. Kantor），伯纳德（L. L. Bernard），艾雷斯（C. E. Ayres），法里斯（E. Faris）］都企图排斥麦独孤所主张的神秘式的人的本能，但是他们依旧主张动物和儿童里面确有本能，而以为这种本能是对于固定的特殊的刺激所发生的固定的特殊的反应。这是一个极荒谬的见解。有两种谬见引起这错误的结论：一，误解动物的行为是不变的刻板的行为。二，对于下等动物若昆虫等的动作的目的的概念（Teleological conception.）可惜只短，我们不能对这问题加以详尽的讨论。不过我们只须说动物的行为是不像那班著者所说的这样刻板固定就够了。其实，在下等动物里面，本能的改易和变化倒反不是例外而是常事（当然这种改易和变化是给动作系统限制住的，）至于下等动物中本能的目的的观念呢，我们只要申明昆虫所成就的"神秘的"结果是不过偶然的罢了。关于这点，最近许多实验已经证明。见罗布（J. Loeb）著 "Forced Movements, Tropism and animal Conduct", 1918 Chap, 18.

然，除非我们有以应付这个反驳，我们的非本能观念简直可以视为不能维持的了。我们因为觉得如此，所以我们不闪避地来把这个"分子有点儿骤然地组成一个很显著的新反应"上面下一解释而一点不用假定本能。

至少有四个原则可以决定一个新的反应究竟要不要不经长久的学习而产生。第一，是动作系统的成熟。假使一只鸟的筋肉没有十分发达，它的翅翼未曾丰满，那么，要使这鸟飞翔是显然不可能的。第二，若要产生一个"不学而能"的动作，组成那新反应的成分动作须要预先充分地练习过，组织过。我们有许多反动系统只能经过一时期的练习总能获得，这也有几分因为成分动作还未充分齐备。第三，新的反应能够很容易的产生出来，多半是因为有力足以阻碍这个新的组合的抵触的习惯没有存在的缘故。学习的全程序是大半致力于练习成分动作和拆散抵触的习惯上面。① 先前所得到的抵触的习惯的多少和强弱，大概决定成分动作集合为一新反应时的快慢。第四，假使成分动作已经充分齐备，并且没有什么抵触的习惯的干涉，新的动作仍旧不能立刻产生，倘若促使那生物去做这固定的动作的环境的势力还不足够。去试验一只鸟能不能第一次即很有力地飞翔，我们必须纵之空中，或突然移去支持这鸟的东西，或者想出别的方法来促它飞去，即不然，也得要那鸟当时刚看见别的鸟飞过（摹仿或提高刺激）。我们设要试验水鸡能不能不借先前的学习而在水里潜没，我们必须放鸟水中。所有这样的新

---

① 我们现在所讨论的是新的动作的有效与否的问题，所以关于动作的正确和圆满以及动作的机械方式方面，暂时搁置一边。

反应，假使可以不假学习而初次成功，必须视作外界所致的直接的效果而不能以为是某种内部倾向的表现。易辞言之，当外界力促有机体向某方动作而不向他方动作时，成分动作的新结合就马上发生，而那有机体也就产生出新的效果来了。

如此，就有人要问：我们所陈的解释和本能的概念之间，有没有什么认真的分别呢？我们只能再说一遍"本能是已结束的心理学"以答此问。假使在习惯养成已加限制的情境下，我们对于小孩走路的反动上面，下一试验。倘若碰巧小孩能够在受了限制的情境下面，很成功地走路，本能心理学者就要推断走路是一个简单的本能。倘使碰巧反此，本能学者的结论就要变成消极的了。（或者，假使试验的不是走路而是别的，本能学者就要说：所研究的本能是已经变化了或是已经消灭了。）实验的结果总不出此二途，但是根本上本能学者就把这试验当作决定所假设的某本能出现不出现的试验，他的研究也就不得不止于此了。在另一方面，只以走路是先天的或后天的这种说法，对于非本能论者完全不能认为满意；假使走路可以不借先前的练习，他们非本能心理学者就要进一步去找寻致使这不学而能的动作的原由；他们就要去研究上面说过的（1）走路反应所需的筋骨的力气，（2）走路成分动作的组织所需的练习次数，其受型性（Plasticity）及完善不完善的问题；（3）抵触的习惯的有无及其强弱，最重要的是：（4）刺激和全情境的性质及强度，这些刺激和情境，或是集合着，或是联贯着唤起行路的反应。换一句话说，非本能学者的起点就是本能学者的终点。从詹姆士一直到现在，本能在心理学上根深蒂固，以致壅塞了我们养成专门技能以考察我们的反动或行为的来历的一条路。我们对于习惯养成的研究是肤浅极了,因之我们对于得到新行为有时快有时慢的原因,很少研究。一个不假先前练习的动作算是本能,反之则算是习惯;而关于习惯,我们只计算完成一个动作所需的错误的次数及其速度就完了。我们既难得研究造成新习惯的根本动作系统,又不仔细去分析促生物做成某种效果的刺激的原则。照我的意思,我们先得把本能这怪物完全从心理学中赶出去,然后渐渐去养成一种专门技能庶几成分动作组成新的反应的难易和迟速都可加以比较,而其原因也可寻出了。

第二节　再述反动单位的假定

我在前次一篇文内所持的反动的单位的假定,可以重述如下:

反动单位一词,我意是新生的或生下不多时的小儿的身体上每部分的筋肉运动。我们可以再举这种例,若打嚏、呵欠、呃噎,头及面部筋肉的各种运动,眼睛的筋肉,唇、舌的运动,咽物运动,啼哭和其他的喉音运动,各样的躯干、臂腿运动,手指和足指的伸张及弯曲、攫握,对于声、光及温度等的感受性,还有许多别的。以生理言之,这些反动的单位各有不同的复杂和不同的神经联合;就是,反动的单位所含的筋肉及神经弧(Neural arcs)的数目,互有差异。但是从心理的行为方面而论,在新生小儿里面,简直没有足以称为适应环境的动作,易言之,反动单位不是有组织的,有生物的目的的反应;反动单位是无目的的（Non-tele logical）或非顺应的（Non-adaptive）。①

在以前一文内，我一再申述反动单位的"凌乱性"（Randomness）。我的意思只要指出新生小孩的自发动作在心理上没有组织和没有目的的这种性质。不过不幸我没有明白表出；我并不以为无论那个或是每个刺激能够唤起有机体所能做的每个或一切的动作。其实，我完全与托尔曼教授同意："这种动作的凌乱性是常常限于很固定而可见的范围之内。"当然，一个刺激要引起一群凌乱的动作，而与另一性质完全不同的刺激所唤起的动作相异。一个大声所引起的动作和"抚爱"所引起的不同。我很欣幸托尔曼教授着重此点，虽然我自己很明白，但没有能够表明。

我们通篇讨论，仿佛手里高擎着反对遗传的幌子。批评我们的人势必要发问：这些反动单位，无论是简单的或是复杂的，到底是后天的呢，还是先天的？在前文内有许多地方，我承认反动单位是遗传的动作，但是在下面小注里，我曾请读者注意：在胚胎里面，小儿的习惯早就养成，所以许多反动单位多半许是那有机体的原始的最简单的习惯。这不过是一个忖度罢了。我们关于胎儿的心理的生活的知识是太幼稚了，以致不能使我们断定新生小儿的原始动作的来历，虽则我们确知胎儿在离娘体好多时以前，如有行为的生物一般而感受刺激，这些刺激于后来行为的发生，都有影响。这种原始动作，从初生直到数天

---

① 我这样说法暂时把和有生的机能相关的动作略开。

后，受着以前的练习及影响的动作比没有受着过的动作不同，但目前我们对于前者的同与不同，不愿意下什么武断。理论上，我们极愿望一门胚胎心理学发达起来以解决这问题，但是以实际而论，到底动单位是不是先天的这问题，不关十分紧要。我们可以开始我们的发生的研究，考察这种原始动作，细心地记载先前的动作及刺激对于后发现的反动单位的影响（例如，冷空气及压力和啼哭反应对于啜吸动作的刺激效果）。我们对于胚胎里面的情形的忽略，于发生心理学的价值上毫无损害，我们不能一致直截了当地否认反动单位的遗传性，就有人以为这是非本能运动呼声中之弱点。虽然我们与其现在下一武断，无宁等日后实验的援助了。

新生小孩的无目的的和凌乱的动作是造成我们的反动系统的原料这种动作的特点是有可型性（Plasticity）和各种组合的可能；在环境的需要下面，那些动作可以组合或重组合为有用的习惯。从一时代的大思想家的思维作用一直到我们日常的习惯动作，我们的一切有组织的反应都起源于这些原始动作。① 习惯养成是不过组合这些原始动作做有规则的反应，或者，在人

---

① 我们须要注意：一切原素动作不是都能在初生的时候得同样圆满的；许多不完全的和嫩弱的原素动作，必待筋骨长成及练习后，方能完善。但我们复杂的习惯所含的原素动作，无论有的怎样嫩弱及不健全，是已在新生小孩里的了。并且在青春发育期中，生殖器的生理作用决不能视为性的本能的突现，或竟视为迟延的反动单位；这都是生理的，正和脏腑作用和腺的作用一般。这些生殖器作用都成为体内的新刺激而时时引起新的习惯——性欲的习惯——的养成；它在心理的行为方面的重要，只在这一点。讲到性的行为和其预备的动作，其一切原素分子正和有机体的历史一般老呢。

生后期，是旧习惯的重新组合。新习惯里所新的不过是这新的组织；其成分动作可以溯源到有机体有生之初。发生的研究必须从讨探这些凌乱无次的动作起，并且踪迹他们怎样由环境的要求而组合或重组合做各种反动系统的一条路。这些无目的的动作的重要，一般心理学家还没有注意得到。① 以为本能时时从有机体内突现的这个概念，是应任其咎的。现在我相信研究初生小孩中反动单位的性质及其因环境和有机体间的相互关系所组合的历程，是启示人生秘奥的宝论。

第三节　本能的获得

非本能运动和反动单位的假定设或一旦为人所肯定，我们当然立刻就要对于得到习惯——常常被称为本能——的历程上面加以分析和解释，就是，所谓本能是怎样直接的或间接的由反动单位组织而成。我们要请读者注意：下面所说的话不过是一个待试的建议，而我们除了将来手中有了实验证据之后，我们当然不能怎样承认这建议为有何效力。

Ⅰ 同时的组合（Simultaneous Integration）

组合有两种：一，同时的组合；二，连续的组合（Integration of temporal order）。反动单位直接的或间接的合成一个单一而有组织的反应，这个结合，我就叫它做同时的组合。我们可以拿获得字句的习惯一例来说明。据白兰顿夫人（Mrs. Blanton）的报告：一个新生的婴儿在最初三十天中，常

---

① 华生是唯一的例外，我们所说的对于他所注意的地方，并无创见。

常发出以下的各种声音——子音如：在 ma 中的 m，鼻音的 n；在 gah 中的 g；在 ha 中的 h；wah 中的 w；rah 中的 r；hurv 中的 r；极微的声音；在 yah 中的 y。元音如：在 owl 中的 o；fell 中的 e；Pool 中的 oo；an 中的 a；及在 father 中的 a（比较的稀少）。她并且观察了许多种因痛或因饿等的哭声。这种哭声和牙牙学语的声音，就是我们所说的无目的的动作，不单因为这种声音是无意义的，并且因为发生这些声音的神经筋肉的机械还未好好联合过组织过。所以在得一个字的习惯之际，神经筋肉的系统，若关于喉嗓，胸膛，肺，鼻，腭，颊，舌，唇和其他的身体的部分等等，必经组织然后方能发生某字的声音来。孩提时，这种发声的神经筋肉的机械很是易揉而可加以种种组合的，所以不同的字的声音可以很容易地学到。在成人里呢，已经组成的反动系统渐渐的固定下来，且有干涉新的组合的趋势。这至少可以局部的说明小孩子比成人学话容易的缘故。在我们的日常生活中一切有组织的单一的反应都是从反动单位来的同时的组合。我们试举日常的动作若拿食物到嘴里，用手握物，拾起一件东西，立起，坐下，踊，蹴，踏，使身体平衡，怀抱一人或一物等。每一个这样的动作做成时，包括全身的联合作用，虽则某部是主角而其余的动作都不过是配角（例如，踢时主要角色是腿，而身体的其他部分也都关连，踢的动作方能实现）。不幸关于这身体的各部组合而为有组织的反应上面，现在没有足以满意的实验研究。对于组合上面去下一个生理的分析，显然为目前的急务，这种的研究可以从两方面下手：我们可以用发生的见地去研究同时的组合；或者我们可以因分析学习某种特别动作上的生理的基础而加以研究。

同时的组合有各种不同的形式：（1）或只不过是原始的反动单位成为单一的反应的一种组织，如一个小孩学习眼与手的调节或学习起立等都是。（2）同时的组合也许是团结已经组合的动作为更复杂的举动。这种在人生后期比较在儿时为多。最好的例是一个小孩学习写字。小孩所有的简单的目，手和指的联合还不能使他写字。除了能够一手紧握笔杆以外，另一只手同时又须压住纸头。并且，臂、肩和头都各有份儿，躯干又要维持身体的姿态，而眼睛跟着手一块儿动作；这些动作都要同时奏演的。这种比较简单的成分动作又都是自己已经统一的动作。在我前文内我曾请读者注意：先前所获得的习惯往往供作后来的学习的基础，换一句话说，新的习惯是从旧的习惯中组织起来的。（3）在另一方面，当新的学习的性质和已得的习惯不相符合的时候，不但旧的习惯对于新组织毫无用处，有时甚且发生阻碍。这样我们必须把那抵触的习惯拆散而重造成新的习惯。因此，成人于学习一新的语言时，遇到他土话里所没有的字，往往有发音不得准确之苦。对此最简单的说明是：他必须解散那些于新的学习上没用的旧的语言习惯而重加组织。

Ⅱ连续的组合（Temporal Integration）

行为并不单独的发生；各动作总是有别的动作在先或跟着的。多少有规则而次第表现的动作，我们就叫做连续的组合。这种蝉联的或连续的组合，在学习上是有很大的心理的价值的。学习大抵包括把单一而有组织的动作重新组织成一新的次序。换句话说，反动单位组合而为有组织的单一的动作，这些动作又再组合为各种蝉联的反应。试举老鼠学习迷津的例以明之。虽则某种个别的动作可以练习顺利，但是从鼠子初次放进迷津里直到它的习惯固定以后，这鼠在迷津内所表现的个别的动作，都是先前所得到的。① 我们要是说一只老鼠已经学会了走迷津，我们的意思是只指那只老鼠从它许多先前组织过的单一的反应的目录单中，点选了某某个别的动作，并且把那些动作串成一个联贯的次序罢了；单就个别的动作而论，即使鼠子已达习惯固定的时期，实在它并不得到什么新的东西。

我们常说：一个平常的成人有千百不同的习惯，这句话对是对的，假使我们单指连续的组合而言。但我们若分析他的连续的习惯为单一的或个别的动作，那数目就不如我们所想象的这样大了，而且一个人若要养成许多习惯，他也不必有很多很多单一的动作。最可惊异的事实，就是个别的动作可以整列做几百个不同的式样。同样的单一的动作可以组织成不同的次序而生不同的效果。语言的习惯是一个最好不过的例子。读者试想一个单独的字可以与别的字组成不同的句子，再想一个人胸怀中所装的字究有多少，但是他能够拿来做好几部书或作数点钟的谈话而句子一点不用重复，就能明白这点了。

关于连续的组合有几项事实，我们必须加以讨论：

1. 每一串动作可以分作预备的反应（Preparatory reaction）及终局的反应（Con-summatory reaction）。② 这样的分类是完全

---

① 当申明连续的组合在学习上的重要时，我们休要忘却，在学习的过程中，同时的组合可以与连续的组合并行。

② 参看伍德沃斯动的心理学及心理学两书。

为科学的叙述方面的便利罢了；这并不含有生物一定是"觉得"目的效果的意义，且也不指有某生活力（Vital impulse）。对于有目的的反应上加以鼓促。要去团结不同的动作成行，心理学者必须采取某种客观的标准。最便利的方法是把动作按照所成就的效果而分类。缘此，我们把那些外面观察者看去有内部的关系动作叫做预备反应，以对于终局的反应而言。我们苟就发生行为的生物自己的性质立论，我们可以设一个似是而非的假定以援助这个分类法。这假定已继人用许多不同的名词提出过，如"动力"（Drive），"定向的顺应"（Determining adjustment），或"推动的顺应"（Driving adjustment）或"决夺的倾向"（Determining tendency）。这概念已经许多人讨论过（如丕利 W. Perry，托尔曼和伍德沃斯），所以我也不用在此加以详尽的说明了。①

  我要指出：这几位著者因为用了以上的几个名词，他们的论旨是很容易遭人误解的，而且在他们的说明内，不幸意有含蓄。他们所用的"动力"，"推动的顺应"，"决夺的倾向"，"指挥的倾向"（Directive tendency）等，或致被人释为"内部的势力"（Internal force）而能指挥生物一切的行动。这难免含有灵魂主义的意味，而且容易令人联想到麦独孤及弗洛伊德派（Freudians）的生命主义的概念，乃起而责难这有目的的行为的概念，怎样可以当作对于行为的客观而机械的说明了。不宁唯是，假使有人一读他们的著作，他往往碰到关于说明"动力"

---

① 参看托尔曼的论文。

的话，像内在的势力，内部的兴奋（Internal striving），可以决定和指挥较低的冲态（Lower propensities）弛张能力并放松一组一组的动作等等。这样说法，好像都意含一个自动的东西指挥有机体的动作似的，并且，我想即使那班著者表示不甘，他们也难免受人以为这种说法是灵魂主义的那种非难了。

所以，去用一个较好的名词并且加以更具体更客观的解释，是目前的急务。我想我很可以用行为的安排（Behavior-Bet）一词来充他。① 我所谓行为的安排乃只指反应的姿势或预备的态度而言；它使有机体辨别地，抉择地对于不同的刺激或不同的刺激群发生反动。有机体每次受着到许多的刺激，但是它不能同时对于它们都发生反动，也不能对于不同时的同样的刺激发生同样的反动。每一时候有机体所产生的特别的动作是有许多的成因的。除了背景的影响，刺激的性质与强度，有机体与刺激间历来的关系，有机体所有的反动系统的性质及种类，以及别的成因如次数律新近律等而外，行为的安排于有机体将发生何种动作，及对于何种刺激将生反动的决定中，占有重要的任务。它使有机体产生了一个趋向于确定的终局的反动（自然，不管有机体对于那个效果有意识与否）的反应的姿势或身态（Bodily attitude）。它成就了一个"反动的腔调"，而此腔调一方面把对于终局的反应多少有关系的属于感觉的刺激的阈价（Threshold value）降低了，把别的纷扰的刺激的阈价增高了，而他方面它倾向于使个别的反应利于进行，而且阻止别的反应的进行。行

---

① 托尔曼教授在他的心理学中的本能可以取消么？一文中会偶然地已用过这个名词。

为的安排不是一个推动的势力，也不是一个冲动，一个内部的兴奋或热欲，或一个驱使，更不是一个活动的主因（An active agency）；它亦不控御或发生种种行动；它只是一个反应的姿势，此外别无余物。反动的腔调是如此地维持着直到终局的反动达到了或直到它被别的反动的腔调改变了或取代了（如在纷扰的刺激非常的强烈，强迫有机体去注意于他们时）而后已。

上面的解释，并不变更上边所提过的诸家所主张的目的的行为的根本的概念，似乎更为具体，更为客观，因此也于科学的描写的目的更为接近些。在我们尚未有任何实验的科学去显出它（指行为的安排）的生理学上的变化（这事将留为好些时的一个困难的研究问题）时，行为的安排可以从外表的行为间接地推论出来。譬如我们屡次察见每一次一头狗在许多时候未喂以食物时，它便很不安定，它的动作似乎在寻求什么东西一般，往常它对之发生反应的某种刺激并不反应，但在给以食物之后，这些特殊的反应便都消失，我们便可推论说那时候这头狗的行为的安排可以把它唤做寻食。

我于原则上是如此地同意于主张目的的行为这个概念的诸家，不过我要把这个概念归原为更具体更客观的名词，这样可以避免了与麦独孤及弗洛伊德派的灵魂的观点相混同，因为上述诸家是难免这个嫌疑的。

但有一点我是很抱歉地不得不和诸人分手的，尤其是托尔曼教授。托尔曼教授坚说推动的顺应是先天的，不是获得的。他的意思，据我所知道的，是不愿把他的推动的顺应用反应的姿势或身态来解释它。现在那个问题是立刻变为下式了："一个反应的姿势是先天的抑是获得的？"在答复这个问题之先，我们须要把有机的变动如饥与渴，和行为的安排或反应的姿势或预备的态度（这事件中饮与食是预备的态度）划一个清楚的分别。前者只是扰乱有机体的平衡（The equilibrium of the organism）的有机的体内的刺激，而后者则为终局的反动未能立即达到时这些刺激所激起的姿态。① 我们的问题更可化为下式：有机的骚扰能够不靠早先的经验带起一个趋向于结局的反动的反应的姿势么？或者更说得具体一些，饥和渴能够使一个未尝有过饮食的经验的小儿产生一个饮或食的反应的姿势么？色腺的分泌所产生的平衡的骚扰能够使以前未尝有过性的知识的有机体虚拟着性的动作的姿势（常态或变态的）么？我的答覆是反面的。我们设想有一个婴儿初次被饥饿所刺激而不即喂他，他不安定了，显出了种种无目的的运动，直至食物放在他的口中，骚扰的有机的情状中和（借用托尔曼教授的用语）了而后已。在这种情形中，而说就使是第一次的饥饿，在给以食物以前，婴儿将虚拟着食的姿势，这是很费解的；在饿的婴儿不一定是在食（显出食的动作）的婴儿呵！这乃依赖于早先的经验——这是说在有一个受过影响的反应（Conditioned response）已成立之后——饥饿的婴儿才将在饥的刺激未即除去之时虚拟着这样的一个态度或姿势。婴儿的食的反应的姿势是包含某种初步的吮和咽的运动。有时在饥饿的婴儿中，这些运动是显见的（外表的），可以察见的，这样的确定的潜伏的运动（或竟是外表的），

---

① 有一次托尔曼教授与作者谈话时，曾对作者说过，他于下次的论文中将作此同样的分别，虽然他仍主张姿态是可以先天的。

在未与实在的食物的刺激相遇而即能发现的,只是一种早先的经验的结果。这个食的反应的姿势之为一个受过影响的反应的成立的结果那件事,更可以从下面的事实间接地推论而得:有过经验的饿儿,只要把乳头与他的口唇略一接触,便可停止他的号哭;而在较大的婴孩,他的母亲的声音,便仅足以使这哭孩安静下来,别种行为的安排也可以很容易地显见其为受过影响的反应的结果。如果我们能够设法一种方法可以用来监察自生下来以后一个有机体(人或动物)的行为,那么我们便可以很确切地用间接的推论,无论怎样,说出行为的安排的产生和发展;虽然直接研究它们的潜藏的生理是极困难的。让我们希望可以用实验而不用空辩来解决这个问题的时期快就来罢!

兹再重说一遍:行为的安排是造成有机体的一般的反应腔调的一个反应的姿势。在决定反应的阈价中,它是极占重要的,但此外它不作别事:它既不激起行为,也不指挥行为。这个概念,我们愿意郑重指出的,是和麦独孤、弗洛伊德以及一切别的多少倾向于活力论灵魂论的心灵论者的冲动心理学(The impulsion psychology)全不相同的。每个和一切行为的安排不是先天的,乃是经验的结果,受过影响的反应这个原则是可以应用以解释这行为的安排的获得这件事的。

2. 行为的安排的引起也如一串预备的反应中每个特别动作一般,是依赖于一定的体内或体外的刺激模型的。猎物的瞥见及胃壁的收缩,可以使狮子取一猎取的反应的姿势,但是有了这个姿势之后,狮将急趋,或缓步,或作别事以捕获猎物,则依于每时间特别的刺激模型的性质而定。一切先驱的反动都很易改变，而它们的变易一半为体外的刺激和生理上情状所决定。在多少已经固定的习惯内，体外的背景似乎留着不变，而一串中每个特别动作之发现则为筋腱感觉的余势所操纵，这便是说在前的动作的筋腱感觉可以作为一个刺激而激起后起的反应。一个熟练的音乐家的手指的运动，跳舞，写字，背诵诗文，都为筋腱感觉的余势所唤起的反应的绝好榜样。

因此，行为的安排是可以受实验的控御的：给以一个适当的刺激，则一个确定的行为的安排便能产生。这个，在动物行为中，更为易行，半因动物生活是比较的简单之故。在我们的动物学习的研究中，一个实验的成功大有恃于我们控御行为的安排使适于实验的目的的技巧。在人类，则我们尚未发明任何种专门的技术可以把人们的所谓动机者置诸适当的控御之下。

3. 在连续的组合中，一串动作的顺序可以变更得很大，甚至于影响于它们的出现的次序的硬性及确定性，但是有些习惯是这样的硬性与刻板的，它们的段落的动作常照固定的确定的次序而发现，动作的衔接的顺序的固定性及确定性，首系于练习的次数的多寡。练习的次数越多，则衔接的次序亦越坚硬越固定。这些行为我们称之为习惯，他的段落的动作的次序是固定的，确定的，链式的反应。我们时常获得硬性坚固的组合，以至于对于新环境有不能顺应的危险，乃是件显见的事。

4. 著者于此拟再伸说几句作为二三两段的系论。有机体所获得的连续的组合（通常称为本能者）的类别是由环境的性质所决定，而我们所获得的本能的力量则大有赖于影响有机体的适当的刺激的次数，数目的多寡，及力量的强弱。这个建议的上半部分，在我前一篇的文章中已经充分地讨论过了。此刻我所想做的，乃在指出所谓有势力的本能除了为那种成串的组合（似有共同的目的的结果而常见于有机体生命的活动中者）的抽象的名称而外，实在别无余物。因有常来的刺激而常现的或种组合，常使本能派心理学者有有机体据有某种神秘的势力为其行为的指挥主因的印象。譬如主张自我（Self-assertion）的这个伟大的本能，乃只是似有共同的社会的目的（即个人对于他的同人的自炫）的那种成串的反应的抽象的名称罢了（虽然并合来产生这样的目的的结果的先驱的动作是可以时时变易的）。主张自我的本能所以这样地常见，乃是因为在训练个人的社会行为中，社会的毁誉是最常遇的刺激之故。如果我们计算社会鼓励自炫的反应的次数之多，并设想别的刺激也可以转展引起这个反应的范围之广，我们便不必去找寻任何内力的神秘的原则来解释为什么人类会有企求权势的意志（The will to power）或占有优势的自我本能（Ego instinct）了。

5. 组合的历程（The process of integration）同时是一个选择和淘汰动作的历程（Process of selection and elimination of acts）。大抵助成结局的反应而除去激动的刺激以恢复有机体的平衡的动作较别的动作为易于被选择被组合，而阻止或破坏结局的反应的动作将被渐渐淘汰。但我们须记得，凡组一于一串中的一切动作不都是有利于结局的反应；许多过分的无用的动作也可以只因新现和常现的结果（或别的原因）而被选择被留存的。正如华生所说，"如果额外的动作（extra-acts）不随顺利的动作而固定了，那么，这是易见的，我们将常住在一个充满废物的世界中了。"①

在承认选择和淘汰这个观点之前,有两件须注意的事:(1)所谓顺利和不顺利的动作都是相对的名称,而且只从它们助成或破坏目的的结果的观点中把它们这样分类的。顺利不顺利与动作本身无关;就它们自身而论,一个动作之顺利与重要,正可与别一动作相等。而且同样的动作在这串组合中竟可以有害,而在别的组合中却可以有利的。我们的习惯不是都是因为长历程的学习的结果而获得;它们也不是经过选择和淘汰的。我们许多日常的习惯的成立只是与环境偶然地碰巧地相接触,而并无什么显明的生物学上的理由的。如果我们获得我们的举止和简单的日常的习惯也如获得一种精细手术一般地费时和难于顺应,那么,这将多么麻烦呵!

总结起来:在新生的有机体中(不论人与动物)所发见的,乃为许多心理学上没有组织过的一种无目的的身体的运动——反动的单位。这些运动后来组合入各种反动系统中。组合可分两种:同时的组合和连续的组合,前者为身体各部组成单一的反应的组织;后者为各个的动作成一衔接的次序的组织。连续的组合中基本的动作乃为早先成立的单一的反应。组合的种类和性质乃由环境的要求所首先决定的。我们可以按照连续的组合所成的目的的结果而把它们分类(我们把各种连续的组合分类时即是把本能分类)。行为的安排这个概念,是假定来以纯粹的机械的客观的名词解释目的的行为的。这个概念乃是我所提

---

① Behaviour, pp. 258-259. 注重号是我加的。关于学习历程的这一点的更详备的讨论,请参看我的学习进程中消除错误的动作的次序一文。

出用以把连续的组合来分类的方法所凭借的某处。行为的安排是从受过影响的反应的成立中所发展的。

（原稿载 1922 年 9 月的心理学评论第 29 卷第 5 号）

第五章　反对本能运动的经过和我最近的主张

美国的心理学界这三年来对于"本能"的问题发生许多争论。我想除关于"行为心理学"的讨论外，"本能"的问题可算是美国最近的心理学的中心问题。因为近来多少心理学家对于本能的概念发生怀疑，有的人更要把心理学的本能及一切遗传的行为的概念完全推翻，所以引起一般本能派的心理学者的反动，而两方面之战争遂延长到现在尚没有解决。我在美国的时候，是"反对本能运动"（The Anti-Instinct Movement）的"恶作剧者"当中之一人，一般拥护本能的人对我个人的攻击也最剧烈。归国以来，见国内的学者，对于这个问题也有些兴趣的表示，虽然一般批评我的主张的人尚未十分晓得这个战争的中心点，对于这个问题的原委也未十分明了，但是他们这种兴趣的表示，和他们的批评的态度，是一种很好的现象。科学家是不能有成见的，对于反对者的主张，无论如何无根据，无理由，也应该有几分重视，近来国内多少朋友又要求我对于本能的问题再作一个正式的表示，因为这种种原因，所以我近来屡有做这篇文的思想，适逢东方杂志主笔钱智修先生要求我代该杂志二十周年纪念刊撰文，我遂决意写这篇文赠给他。反对本能运动，是二十年来心理学史变迁的一部分——或是二十年来心理学的潮流的反动——我把这篇文在这专刊里发表，也不是十全不合宜的。

在未讨论这个问题之先，我有下面几个说明：

（1）我这篇文是为一般读者而作，不是为专门心理学者而作，所以说话不得不略为浅近，删减一切专门的讨论。

（2）这篇文完全不是为着批评我的学说的人而作，所以对于他们主张的是非都不讨论。

（3）我是一个科学家，不是哲学家，所以对于本能的讨论，完全以实验室的态度及实验的结果为根据。离开了实验室就无所谓心理学，不根据实验，本能就不能成为问题，也就无讨论之价值，晓得这一层，就能懂得我反对本能的动机了。

（4）我是极端主张机械论的行为心理学的，我绝对否认一切心灵，意识，精神生活等之存在。我不但反对近来一般旧式的调和派的心理学家，并且很不赞成世界所公认的行为心理学的领袖，华生的许多的主张。我不是不赞成他的革命的主张，我是反对他的柔弱，反对他革命革得不彻底，不能完全超出旧式的心理学的范围。这一层对于我之反对本能及一切遗传行为也是很有关系的。

第一节　本能的意义及其在晚近心理学上的位置

要晓得反对本能运动的目的及重要，须先明白本能是个什么东西，和它现在在心理学中占个什么位置。所以我不避陈故，把我从前所已说过的话，再在这里简单述之。

在进化论未流行以前，本能是很不受心理学家的注意的。后来达尔文、斯宾塞等以遗传解释本能及情绪等，指出它们在生存竞争中之作用及重要。心理学者因为受了达尔文等的影响，逐渐的注意本能的问题。后来詹姆士，施耐德和倍利耶（W. Preyer）等极力鼓吹本能学说，以一切行为的动机归源于本能。詹姆士说我们一切极不可解，极神秘的行为都是本能作用的结果，认识了本能，懂得我们先天的性质，我们平时所谓极神秘不可思议的行为就极容易解释了。他又说人类的本能比较他种动物多，所以人类的行为不如他种动物之简单。

到了现在，本能在心理学上，已经占一个很重要的位置了。一切人类和动物的行为的起源都归宿于本能。麦独孤心理学的系统全以本能为根据。桑代克也想要把本能造成他的心理学系统，一般研究变态心理的人们也皆把本能说明一切行为的动机。他如教育心理学者，应用心理学者，社会心理学者，以及社会科学者，也没有一人不依据本能以解释他们所研究的一部分的或全体的现象。就是一般心理的革命家，如华生等也皆承认本能及别的遗传行为之重要，本能学说在晚近心理学之势力，可想而知了。

晚近的心理学家虽然人人崇信本能，人人承认本能的重要，而对于本能的定义，却没有一致的主张。大体讲起来，他们关于本能的概念，可分做两派：第一派认本能做一种内动力或生机力（Vital force）。这种能力是从遗传来的，是一种只可由个人自己经验而不可以实验的遗传能力。这种能力常决定我们行为的目的。我们的身体的动作，一切外表的行为，都是为生机力——本能——所驱使以达他们的目的；换一句话，本能常利用身体，使它发生种种动作以实现生机力之目的。依这个主张，本能是一种精神作用，并不是客观的行为；客观的行为是本能的表现，并不是本能的本身。

第二派以为本能是一种遗传的行为和客观的事实。他们说，有机体反动的模型（Reaction Pattern）有的是由学习得来的，有的是由遗传来的，本能行为的模型属于后一种。本能是一种比较复杂的行为，即由多数简单的行为组织而成。这种组织的生理基础——神经及筋肉等的构造——（即是反动的模型）是与生俱来的，不是由学习得来的。本能与习惯的分别不在性质的差异而在起源的不同；两者都是简单的动作所组成，但前者的组织是自祖先传授而来的，后者的组织是生后获得的。

主张第一派最力的人现在要算麦独孤。桑代克、华生等俱是第二派的人物。这两派尚可分做若干支派，但现在没有群述之必要。

自来研究本能的人，常根据很多的标准。最重要有二个，即是"普遍"（Universality）和"不学而能"（Unlearnedness）两标准。依第一个标准，凡为一类的动物所同有的动作皆属于遗传的行为；依第二标准，凡须经过教育或学习而后能的行动皆是习惯，皆不是本能。我希望读者把这两个标准记忆清楚，因为它们是我反对本能的根据之一。

第二节　三年来反对本能运动的经过及其派别

依上文看起来，本能在晚近心理学中的势力可谓极大了；近来心理学家，无论新旧，没有一人不承认本能的重要的结果，本能这个名词遂为一般学者所滥用。滥用既久，自然发生反动。所以这三年来，我们在美国看见了一个很剧烈的反对本能的运动。这个运动是心理学史进化中当然的结果，不是一两人所能单独冒功的。这个运动的酝酿的时期在 1919 年和 1920 两年，而勃发的时期则在 1921 年。自 1922 年至现在则属于反对本能者和拥护本能者两方面争论的时期。

在 1921 年所发表的批评本能之论文为邓拉普（K. Dunlap）的 "*Are There Any Instincts*"，in Journal of Abnormal Psychology，伯纳德（L. L. Bernard）的 "*The Misuse of Instincts in Social Sciences*"，in Psychological Review，法里斯的 "*Is Instinct a Hypothesis or a Fact?*"，in American Journal of Sociology，艾尔斯（C. E. Ayres）的 "*Instinct and Capacity in Journal of Philosophy*" 和我自己的 "*Giving up Instincts in Psychology*"，in Journal of Philosopby。这几篇文发表的时间虽然有先后，但我敢说各人做文的时候没有一个人尝先看见他人的文的。

上面几个人的反对本能的目的兴趣和提论的主旨有许多和我不相同的地方：（1）邓拉普个人并不根本反对本能之存在，他所反对的仅是晚近心理学家的本能的分类法。他说一般心理学家分别本能的种类的方法完全以著作者自己的目的为标准，并不是以心理学方法为标准（我不解什么是心理学的本能的分类法，邓拉普自己也没有指出来哩！）他以为我们有很多的本能的活动（Instinctive Activities）；这种活动常互相重叠，互相包括，所以不能分成整个的本能（Instincts），他后来屡次攻击麦独孤 II 的本能说，但他却把一种比本能更坏，更神秘的东西来替代本能，即是他的欲望（Desires）的主张。（我常当面问他"本能与欲望有什么分别？依你所说的话，欲望岂不是一种更神秘，更不容易实验的本能么？"他一时似乎没有话可以答我。华生也有一次对我说邓拉普的欲望的主张是 Return to Faculty Psychology。）（2）邓拉普批评本能的目的在改良社会心理学（Social Psychology）和社会科学（Social Sciences）。（3）他们并不根本反对本能的存在。他们所反对的只是一般学者对于本能的滥用。他们以为动物及婴儿才有本能，成人是没有纯粹的本能的，因为本能是简单的行为，成人的行为是很复杂的，所以不能叫做本能。伯纳德说习惯在社会科学上比较本能更为重要；法里斯说社会科学家须努力考察气质（temperament），而放弃一切本能的迷信（我实在不懂气质是个什么东西！）（4）因为他们不根本反对本能的存在，所以除批评滥用本能的人外，没有什么建设的主张。

我自己的主张和上面各人不相同的地方在：（1）我根本反对一切本能的存在。我以为一切行为皆是由学习得来的。我不但说成人没有本能，即是一切动物及婴儿也没有这样东西的。（2）我的目的全在建设一个实验的发生心理学（Experimental Genetic Psychology）。我觉得本能是一切实验心理学，尤其是发生的心理学的发达的大障碍,所以当彻根彻底的除去,我对于所谓社会心理学及社会科学都没有什么特别的兴趣,关于本能在社会心理学的位置的问题尤不大注意。(3) 我既根本否认本能的存在,那么我应当有一建设的主张,所以我在那篇文的末了提出"反动的单位的学说"(The Theory of Units of Reaction 这学说的详细见后)。

这几层就是我和邓拉普,法里斯,艾雷斯和伯纳德等根本差异的地方。

这就是 1921 年反对本能运动的大概情形。1922 和 1923 两年仍有批评本能的论文及书籍数种,大都以社会心理为讨论的中心,他们的主张和邓拉普,法里斯,艾雷斯,和伯纳德等相似。此外又有少数做文批评生机派的本能说,他们以为以生机主义解本能未免太近于神秘,太不合于科学的方法。但这派人只欲以非生机主义无解释本能,并不反对本能本身的存在。

第三节　本能派心理学者的辩护

前文说过,反对本能运动是心理学史进化中当然的结果。不是任何个人所能单独冒功的。因为我个人的反对本能的主张和别人的主张有了上文所举的几种差异,所以我的"*Giving up Instincts in Psychology*"那篇文偶然引起一般本能心理学家的特别注意,而生出这两年来拥护本能的运动。这班拥护本能的人大多数以我个人为攻击的焦点,其专为我文而作者有盖格尔的"*Must We Giving up Instincts in Psychology?*", Journal of Philosophy, 1922,邓拉普的"*The Identity of Instinct and*

Habit", Journal of Philosophy, 1922, 亨特的 "Modification of Instinct", Journal of Philosophy, 1922, 托尔曼的 "Can Instincts be Given up in Psychology?", Journal of Abnormal Psychology and Social Psychology, 1922 和麦独孤的 "The Use and Abuse of Instincts in Social Psychology", Journal of Abnormal Psychology and Social Psychology, 1922。因讨论本能问题而兼评及我的主张的有沃伦（H. C. Warren），Shand，威尔斯（W. R. Wells），托尔曼的 "The Nature of Instinct", in Psychological Bulletin, 1923, 史威夫特（D. Swift）霍金（E. W. Hocking）和斯通（C. P. Stone）等。〔闻杜威（J. Dewey）对我的主张也有所评论，可惜现在还没有什么正式文字发表。〕

以上各人大多数是反对我的主张的。美国现在心理学家对于本能的问题的态度可分做数派：1. 极端赞成我的主张的。2. 极端反对我的主张的如桑代克和麦独孤等。3. 折衷派如耶基斯（R. W. Yerkes）和华生等。4. 不赞成也不反对，惟随波逐浪一无所主张。这四派中，折衷派占大多数，赞成派人数最少，就我所知而论，直言不讳而承认极端赞成我的主张的人只有怀特（E. B. Hot）一人——他尝数次与我通信讨论本能及别的心理学问题。所谓心理革命的领袖如华生者尚对我说：心理学上的势力之大了！我因此再做一篇文答他们，（名叫 "How Are Our Instincts Acquired?", in Psychological Review, 1922。）这篇文的大意将在后面略述。如今请述反对者的见解。

邓拉普的 "The Identity of Instinct and Habit" 是说明他的主张和我相同的地方，并不是反对我的，虽然他对于我的见解，有许多误解的地方，但我不觉得有争辩的必要。盖格尔对我的批评，全不得要领，所以也没有特别讨论的必要。To an 的文是一种 Confession of Faith（这是他自己的话），并不是以事实证明本能的存在，或用理论驳斥我的主张。亨特的文只讨论我的"*Giving up Instincts in Psychology*"中的一个不重要的部分，不是专为拥护本能而作。（但亨特尝引出许多不学而能的行为的证据，所以我不能不说明这个见解之靠不住。——见后节。）我们现在要特别注意的是麦独孤一人。

麦独孤看见我的文章的时候，即对托尔曼说，他一定要做一篇文答我，所以在1922年发表"*The Use and Abuse of Instincts in Social Psychology*"这篇文。文中不只批评我一人，20年来一切关于本能的著述，他都有所评论，而对我个人攻击尤力。全文的大旨是：机械观的本能说到现在已经破产了，我们若要保存本能，不能不改变心理学的根本主张，即是，舍弃一切机械观，而采取生机主义；他以为若以生机说解释本能，那么，"*Giving up Instincts Psycholopy*"里面所指出的种种本能观念的困难都可避去。所以他说："我们现在只有两条路，一条是赞成郭君而取消人类及他动物一切的本能。其他一条是取消机械观的本能解释。就是我个人而言，我宁可取消机械主义以保存本能。"换一句话，麦独孤宁牺牲机械主义，决不愿牺牲本能（他在他的"Outline of Psychology"又再反复攻击机械主义，而以生机力说明一切心理现象及本能）。我读了麦独孤的文章以后，就宣布我们的战争终止。我一向认本能做一个实验的和事实的问题，他忽然舍弃事实及实验而讨论哲学的问题，专借本能为题，而比较生机主义与机械主义的长短得失。这是科学家所不愿意讨论的问题，所以我不得不对麦独孤宣布停战。我只问事实，只问试验的结果；倘若本能是一种生机力，是神秘不可思议的，也不可以试验的，那么，我只能说：如此，则本能只为哲学家而存在，并不是为科学家而存在的。

读者对于麦独孤最宜注意的一事就是他自己承认机械观的本能说不能保存，所以把一超绝事实，超绝实验的生机说来救护本能。依我个人的眼光，这是本能在科学的心理学上失败的特征。

第四节　我的最近的主张

要晓得我对于本能的问题的最近的主张，须先把这几年来思想的变化略述之。关于这个问题，我的主张的变化，可分做三时期。我的 "*Giving up Instincts in Psychology*" 可以代表第一期；"*How Are Our Instincts Acquired?*" 可以代表第二期；"*A Psychology without Heredity*" 可以代表第三期，即是最近的时期。

我在 "*Giving up Instincts in Psychology*" 一文关于本能的讨论有两方面说法，一方面说，我们平常所谓本能皆是学得的行为——习惯——并不是由遗传来的。这是我的破坏方面。他一方面有我的建设的主张；我说，我们的遗传的动作是非常简单的，千万比不到我们所谓本能的复杂。我叫这种很简单的动作做"反动的单位"（Units of Reaction）。反动的单位是指未生的胎儿及初生的婴儿的种种无秩序的，组织简单的动作。这动作后来因为学习，练习及环境的要求的结果遂互相组织而成为种种复杂的行为。

我的这篇文里仍然（1）承认获得的行为和不学而能的行为的分别；（2）承认遗传行为的存在（反动的单位）。不过我之所谓遗传的行为不像平常所谓本能那样复杂罢了；换一句话，我在这时期内，只否认动作复杂和组织完善的本能的存在，并不否认简单，和无条理的本能的存在；再换一句话，我虽反对大本能，却承认小本能；不过我主张大本能是由小本能构成的，不是天生的罢了。这两层是我反对本能的最大的弱点。

我在第二期（*How Are Our Instincts Acquired?*）中就已经发生两种怀疑了：（1）不学而能的行为是否能证明本能的存在？（2）反动的单位是否是遗传的？我以为胎儿未离开母体以前，已经有很多的动作了，那么，初生的婴儿的活动或者是在胎中学习得来的。因为我们的学习始于胎中，所以我一时没有实验的证据，不敢断定反动的单位是遗传的，或是学习的，也不敢断定那一种是学习的，那一种是天生的。在这时期中，我仍然承认获得的行为与遗传的行为的分别的正确。而要推翻遗传的行为的存在，所以极力说明我们一切行为皆是由学习得来的。这时期可说是由第一期到第三期的过渡时期。

到了第三期（*A Psychology without Heredity*），我的作战的方针全变了，我以为行为不应该有遗传的与非遗传的分别，一切行为皆是有机体对付环境的活动，换一句话，行为是有机体与环境相交涉的结果。有了有机体，有了环境，及有了这二者的相交涉作用，才有行为之可言。这样讲起来，行为是否是遗传的，我们无论如何决不能直接证明的。本能的心理学家的证明存在的最好的利器是"不学而能的行为"。但是不学而能的行为究竟能够证明遗传么？不学而能的行为与遗传有什么关系呢？生物学家说遗传时，他们都承认遗传的性质存在于"由父体精虫，与母体的卵结合而成的细胞"中。那么，这个细胞的构造与不学而能的行为究有什么关系？不学而能的行为又有什么固定的生理模型（Physiological pattern）没有？无论我们的行为有没有固定的生理模型，即假定一切行为的生理模型皆是固定的，然而我们能够在这细胞里寻出这种模型的构造么？就现在细胞学（Cytology）的知识而论，我们不但不能在这个细胞里找出生理的模型，并且不能找出有机体的构造的模型（Organismic pattern）。那么，不学而能的行为，与这细胞的构造都没有什么关系，与遗传更没有什么关系了。

本能心理学的第二个证明，本能存在的标准是上文所谓"普遍"的标准。依这标准，凡为一类的动物所共有的行为，都是遗传的行为，这个标准之不可靠更容易明白。因为这个标准不但不能证明遗传的行为模型（Hereditary behavior pattern）是否有一定的生理模型，及这种生理的模型是否存在于传种的细胞体中，并不能证明这种行为的模型是否由学习得来的。

这样看起来，所谓遗传的行为仅是一种假设，并不是一定的事实。一切科学皆不能脱离假设。某种假设在某种科学上有存在的价值与否，全以下边两条条件为标准：（1）一切假设须有可用实验证明的可能，虽是眼前的证明不能达到目的，但未来时是可以证明的。（2）假设如果没有证明的可能，那么他在科学上也应该有特别的价值。若这两条条件俱无，那么，无论在任何科学中，这种假设都失去它存在的价值了。遗传的行为既是一种假设，那么，我们要问它与这两条条件是不是相符合。

（1）如前文所说，"不学而能的行为"和"普遍的行为"的两标准是不能证明遗传行为的存在的。且就眼前的情形而论，遗传行为，无论如何，决不能在实验室里证明的。那么，这个假设与第一条不符了。

（2）遗传的观念在实验的心理学上有什么特别作用么？有什么特别价值么？一切行为的发生都为种种条件所决定。实验心理学的目的就在用种种实验方法来求出各种决定行为的条件。我们若拿遗传的观念来解释行为，那么，我们就可以不必去做实验了，可以把实验室的门关起来了。换一句说，遗传的观念是一般的心理学家用来掩护他们关于行为发生的条件的知识的缺乏，是他们懒惰，不愿喫苦做实验的病征。简单的说，遗传的观念是实验心理学的进化的大障碍，是原人的上帝的异名。原人不懂行为为什么所决定的时候，都说这都是上帝所使然的。心理学家不懂行为为什么所决定的时候，则说这是由遗传而来的。但是行为的遗传是不可以直接证明的，是一种假设的，不是事实的。这样讲起来，我们直是要把一个极微小，非显微镜不能见的细胞代上帝负责了，直是要把这细胞做一个 Microscopic God 看待了。

因为上面所述种种理由，所以我现在主张一个"无遗传的心理学"（A Psychology without heredity.）我以为一切所谓遗传的行为不但不可以由实验证明，并且要妨碍实验心理学的发达，所以应该摈出于心理学范围之外。

我在这篇文中，关于反对心理学上的遗传概念所根据的理由陈述极不详细。这是因为我要减少篇幅，及避去太专门的术语和太专门的讨论，读者若要知道详细，须参考英文原本。

民国十二年十二月十五日稿

（原稿登东方杂志第 21 纪念号上册）

第六章　一个无遗传的心理学

A Psychology without Heredity

黄维荣译

第一节　我的信仰的自承

因为现在心理学中，尚无大家共认的观点，所以一个人必须先确定地说明他在心理学中是站在什么地方，然后方可去讨论一种特殊的心理学上的问题；因为除了讨论者都有一种共同承认的观点，则所讨论的问题，便没有决定的希望。因此我觉得在讨论本篇的主要问题——行为的遗传问题——之先，不得不先将我的心理学的信仰宣布一下。

我以为心理学乃是一种科学讨论有机体对于环境的适应中所包含的躯体的机运（Bodily mechanisms）的生理而格外着重于适应的机能的方面。〔我所谓机能的方面乃指一个反应的效果、结果，或适应的价值（Adjustment-value）——不管它是积极的、消极的，或无关轻重的——能使反动的机体对于它的社会的或别的环境发生一种新的机能的关系而言。〕心理学所采用的是精确的科学的方法，并且为它的永久的进步起见，十分注重于客观的数量的实验。它的对象——行为——只是物质的机运的事情。心理学否认（但不是不顾）任何心灵的或主观的东西的存在；所谓意识，即使存在，当我们有较现在更好的方法和专技时，必可以用物质的名词来解释，且能作客观的数量的研究；所以意识并不是奇特的东西，也无须任何特殊的解释的。

在任何一种心理学的讨论中，实验室的观点必当清清楚楚地保持在心头。心理学中任何讨论，必须能引起实验的探究，然后结局才能在实验室中决定，至少也必要对于实验室的作业有某种特殊的价值。如若不然，那么这种争论或问题便无在科学中存在的地位了。因为这个理由，所以我尝要取消本能这个概念；而我之所以怀疑于遗传的全部的概念在实验心理学中的真实与用处亦由这种原因。

把上面大概的叙述——这显然是极武断极机械的，也确然要震骇我们的形而上学的对敌，最著的是麦独孤——作为我的心理学上的一般的观点的供认，那么，任何人即可见我在本篇中所与讨论者只是严格的行为论者，因为只有严格的行为论者可以赞同我这样的一个态度。本篇的主旨乃是在说明一个严格的行为心理学是注重实验室的作业而主张行为的生理的解释的。遗传的概念实无立足其中的余地。对于麦独孤以及其他生机论心灵论者我无所争论。我同这些人的主要的困难乃是一个形而上学上的困难；而且设若我的心理学的哲学一日不能与他们调和，我便不以为我们可以很有益的在一处讨论遗传的问题或心理学中任何其他特殊的问题。

我再声明我的主旨是：我主张心理学上的遗传问题仅能从实验方面去研究；心理学中遗传的概念，必须是一种在心理实验室中所证明的，或可证明的事实，至少也必要对于实验室的作业是一种有价值的假设；离开了实验的观点，我承认我不能讨论这个问题。

第二节　遗传的概念存在于心理学中的困难

心理学中的遗传问题在大多数严谨的实验室中的遗传学者看来是不成为问题的。他们主要的兴趣乃在有机体的形态学上的遗传。他们只关心于那能用形态学和生理学来说明的事实，都可以有在实验室中试验的可能而注意于空空洞洞的抽象的遗传的。但是有些生物学者，尤其是优生学者，和大多数现代的心理学者都主张有别一种的遗传——即反应的遗传——的存在。我在本文中所疑问的就是后一种的遗传；我对于近来孟德尔派（Mendelian）关于遗传的实验所得的可靠的结果以及久已应用于心理学上的各种有力的学说，并没有什么疑问；我所讨论的乃是神经筋肉模型的问题（The problem of neuro-muscular patterns）——所谓遗传的反应的生理形态学上的基础——以及心理学上的遗传的机运的问题。除非能够用生理形态学上的名词来叙述种种的遗传的反应，行为论者便不配来谈心理学中的所谓遗传，虽然心灵论生机论的心理学者可以在那儿大谈特谈，因为他们并没有用客观的具体的事实来说明他们所谈的必要，而行为论者却必须用客观的名词来说明心理学上的现象呵。

第三节　行为模型与神经筋肉模型的关系的问题

我们所谓行为模型（Behavior pattern），乃指分段的躯体的动作之结合而成为一个有机体的顺应而言。在生理学中——或心理的生理学中——我们只涉及下级模型的躯体的动作（即神经筋肉模型）；而在心理学中则涉及该种动作的结合的总和，即有机体的顺应也即是行为模型。换一句话，便是神经筋肉模型即为行为模型所由造成的材料或元素。所以每个有机体的顺应或行为模型都可分析成它所由成的元素（即神经筋肉模型），虽然前者的属性并不含于后者的模型中。客观的心理学者于此所遇的与遗传有关系的问题即为：（1）神经筋肉有相当于所谓遗传的行为模型么？（2）假定有神经筋肉模型与遗传的行为模型相当，试问它们于精子质（Germ plasm 或称胚胎质，即包含遗传的实质者）的关系如何？这便是说它们于精子的组织（Germinal organization）的相互的关系究是怎样？

（1）要答第一个问题，实验室中研究遗传的心理学者便有两种事要做：（A）他须决定每个行为模型里有一个确定的，固定不变的神经筋肉模型么？如何有的，那么（B）他须决定，指定（Locate），并显示出这样的神经筋肉模型。等到这两事都完工了，他才有资格可以谈到心理学中的遗传问题。

A. 最近生理学及人类的尤其是动物的行为的研究中所得到的一个明定的，确凿的事实便是：行为模型中并没有确定的、固定不变的神经筋肉模型。组织有机体的反应的元素的变换无定，与其说是例外，毋宁说是成规。各人的同样的行为模型，或各时间的个人的同样的行为模型,可以由完全不同的运动,不同的受纳器,运动器及顺应器所造成;而同样的躯体的动作亦可以见于不同的行为模型中。最奇怪的便是这个事实并不只为一般反应本能者所同认而亦为拥护本能者所承认(4,9,12,13)。要知道行为模型固定不变的概念的完全不能成立,我们便可用近来拥护本能颇烈的托尔曼博士的话来说明一下:"这个(指加于行为模型不变的概念的攻击而言)引起我们注意于大多数实在的动物行为的极端变易性了。这是说真的反射模型是没有的。孤独的黄蜂(Ammophilin)并不鳌她那些毛虫常至于麻木的程度,鸟类亦不以同样的顺序,不变的动作营造他们的巢。这些以及无数类似的观察已经足以把反射模型说(即主张反射模型可以固定不变者)推翻了。"这实在是严格的心理学(主张每个行为模型都可以分析成为生理的段落,除了生理形态学上的遗传外并无他种遗传的心理学)中不容有遗传的反应这个概念的严厉的谳书了。但为了再行讨论下去的缘故,我们且暂时放弃了上述的谳书,并且假定每个行为模型果常有同样固定不变的躯体的机运,以便再行讨论遗传派的心理学者的第二件任务,就是指定并显示出那遗传的反应中的神经筋肉的机运。

B. 虽然许多心理学者假定了遗传的反应有它生理上的相当的关系者,但无人肯叙述,更无人能显示出这些相当的关系者究竟含些什么。华生在他的讲本能的几章书上(14,15),用了个含糊的定义,便避去了这个问题的全部;他说本能是一个反动的遗传的模型,它所组成的元素大体为条纹筋肉的运动,但并没有说明每个本能所包含的究系何种运动及何种条纹筋肉。

第六章　一个无遗传的心理学

他在界说别种遗传的反应（即所谓情绪的）时，却会指出此种反应所包含的确定的生理学上的机运，据说是属于内脏系及腺系的。别的心理学者也有引用神经的连接及先纳司的阻力（Neural connections and synaptic resistance）等概念的。照他们的意见，遗传的反应的神经连接是先天的，不学而成的；习惯的神经连接是在一生中获得的。并说遗传的反应的先纳司的阻力较为微弱，而新习的反应便有较高的阻力；学习及习惯的养成，在生理方面说去，即为减少先纳司的阻力。更有人说，从生理方面看去，遗传的反应是由于神经系的先天的倾向（Predisposition）所致。我们且来细细地察看这些不同的主张。

（A）神经系的先天的倾向。——这个模糊的概念我实在不知道它的意义，就是曾经用过这个概念的人也不能说出它真正的意义。如神经系的先天的倾向是指神经系的预成的排布而言，那么这只不过是神经的连接的概念或反射模型的概念之另一名称罢了。从另一方面说，如果这个概念是指反应于某种刺激的神经系的准备而言，那么这便与先纳司的阻力的概念极端相似了。除此二者之外，我实在不懂"神经系的先天的倾向"这个名称所含的意义。我们将依次讨论神经的连接和先纳司的阻力的两个概念。

（B）神经的连接——遗传派的心理学者每用这个概念时，往往指神经系的构造的排布而言，即所谓先天的或预成的通路。这个概念含有两种意义：一是遗传的通路，生前即有，乃是生长的结果，所以有生之初即能运用它的功用；二是新的通路（非生前即有者），乃是学习造成的。现在胚胎的神经系的各部之发展与演进，虽已多少有些知道，但胚胎学者尚不能告诉我们胚胎的各种特殊的反射弧的分化与发展。所以我们现在决不能指定何种通路是生前所已有或只是生长的结果，而何种通路乃是学习的结果。可见维持遗传说的神经连接一概念是非常空洞的。除了实际上的证据外，华生更指出这个概念的理论上的困难点，他说："我们的结论是：习惯的养成是无需乎新的基本的动作的。我们生时已有足够的基本的动作，尽足以供给连并成为复杂的独一的动作之用，无数心理学的书籍都在盛谈习惯中的新通路的造成，但他们都忘却了注意一件简单的数学上的事：便是假如有一百个单位的动作，那么他们并合的排列和交换的排列（Combinations and permutations）的数目，实是个惊人的数目。虽然这样的空论是不切实的，但我们只须注意于生才五六日的婴孩，便可深信以后各种的动作并无再有新的反射弧的造成的必要了"。（15，p. 272）

（C）先纳司的阻力——我们首须指明的，便是先纳司的阻力一概念只是神经学上的一个假设。假设中的先纳司膜的反抗性质如何，我们并不知道。别的科学中尚未证实的理论是否可以应用到心理学上去，乃是很可怀疑的。即使我们承认先纳司的阻力这个理论是真实可信的事实，我们还是要问：这个理论于遗传的反应有什么关系？第一，这个理论只是说各个反应间的阈价（Threshold value）是不同的，阻力高的便是阈价高，阻力低的便是阈价低。但这所说明的也只是阈价低的动作较阈价高的容易引起罢了。我们有何理由可以推论着说阈价低的动作便是遗传的反应，而阈价高的动作则否呢？动作 A 较动作 B

为容易引起，因为它的阈价较 B 为低而为一个遗传的反应。但为什么动作 B 不能算是个遗传的反应，而且 B 也是个可能的动作，刺激的力量增足了，它也一定可以引起的。第二，反射间的先纳司的阻力的不同也只是等级的差别，究竟哪样等级的阻力可以分割出遗传与非遗传的反应的界限？我恳求喜用先纳司的阻力来解释遗传的反应的先生们能够把这个问题严密地想想。

（D）最后我们来讨论以内脏及腺的器官为遗传的反应的基础的一说。我们已经指出过华生以内脏及各腺作为所谓情绪的泉源是个无功的尝试。近来许多心理学者都很崇拜内分泌腺。这是因为本能的反射模型说已经失败，而内分泌腺的机能的研究颇有成就，所以近来内分泌腺便变为心理学者的动作的有机体的原动力（Moving spirits）了。兴奋剂咧，动原（Drive）咧，致动的顺应（Driving adjustment）咧，有决定的趋势（Determining tendency）咧，本能咧，情绪咧，力比多即性的欲望咧，人格咧，以及其他一切，以为都导源于这种器官，而且也受自动的神经系（The autonomous nervous system）所管辖的。自然这些器官的机能影响我们的行为，我们也多少承认他们的重要；但是他们的重要却不应使我们误信他们便是本能及情绪的生理的基础。我们只须注意到同样的内分泌腺不仅可以包含于不同的本能及情绪之中，而且也可以包含在许多别的动作之内，并且所有内脏器官及内分泌腺实际上在我们的生活中是无时不活动的，便可见本能和情绪的分别决不能以这种器官为基础了。且也于此可见假设中遗传的反动是没有确实的生理形态学上的根据的。

我们于此更可见这些内分泌物虽于我们的行为中很有关系，但是它们的作用几等于有机体内部的刺激。它们所产生的影响也和药物所生的差不多的。服了或注射了某种药后所生的有机体内的不安和不快，也可以和内分泌所生的影响相等。但是我们决不会把这种药物当做本能或情绪的泉源呵！托尔曼教授于他所著的本能的性质一文中，及与作者近日的通信中，曾指出摩尔（C. R. Moore）所做的睾丸及卵巢的移植诸试验（10）中所获得的结果的重要，〔关于此点请参看斯通的关于历来此种试验的摘要（11）〕托尔曼说："这种事实（摩尔的结果）确也似乎需要一种本能的假设。目的论上的假设（Teleological hypothesis）假定先天的反射模型也有多少是获得的，似乎也像其他别的假设一般，可以同样满足这个需要的。"实则托尔曼教授似尚未完全看出这个结论中却含有个重要的涵义。两性间的性的本能可以只以性腺的互换而变易，那么一个本能是什么呢？我们将以性腺作为性的本能吗？阿兰（E. Allen）与陶昔（E. A. Doisy）曾把豕及牛的卵巢中的分泌物注射于已阉的动物中，因而发见这种注射确能发生性欲上的变化。"这种用人工注射过的动物确有性交的要求，并且雌的处于主动的地位，而其结果竟为一种雌者冒上去的性交。"这乃是用的卵巢的分泌物的注射来产生性的反应的一个实例，难道这种分泌物也需要一个本能的假设吗？这种分泌物的目的是什么？并且性腺的机能与生长不仅与性的反应相关，而与许多别的事情也是有关系的。来狄细胞（Leydig cells）的分泌物除了产生性交而外，也能产生别种行为。把性的本能纳诸性腺中的生理学上是说不过去的。

总之，我觉得摩尔的实验也如别的实验一样是趋于破坏而非助长本能的概念的。

以上种种讨论都是指明心理的生理学的需要之急。现在任何一种顺应中所包含的生理上的器官及范围，我们都不能十分知道。因为我们不知道，于是心理学者便利用这个机会去用种种普通的，含糊的理论如神经连接咧，先纳司的阻力咧，内分泌咧，以及其他等等来解释普通的，及未经规定的行为范畴。关于这一点，我极赞同拉什利（Lashley 8. p. 351）的话：行为学的进步的大障碍是因为缺乏了一种适当的生理学之故。我们不当如华生及别的心理学者一般的自欺，说是一个完全不懂生理历程的行为学者可以把行为很适宜描写出来的。心理的生理学之于行为学的进步的重要，正如生物化学之于生理学一般。生理学上的普通知识是于心理学者没有什么用处的。我们所当知道的是每个特殊的顺应中所包含的特殊的反射弧，感觉器官，筋肉及腺。我们须努力去决定组织成行为的生理上的事实。我们自己须有自己的专技。我们不当如近日的心理学者，尤其是遗传派的心理学者一般，只知从普通的生理学中去借普汛含糊的概念来作为解释用的理论，因而掩饰过我们对于行为的生理上的基础的真性质的无知。我们所关心的乃是与特殊的反动互相关系的生理上的事实，而非应用些普通的生理学上的概念于我们所研究的科学之中。任何行为的生理我们须到实验室中去研究它而不当只加以妄猜呀。

第四节　心理学上的遗传的机运问题

便算遗传派的心理学者能够满足我们的要求，把遗传的反应的生理形态学上的根据找出来了，但我们仍当追究到这个遗传的机运。遗传反应的神经筋肉模型预成于精子质中吗？精子的组织怎样决定这种模型呢？生物学者对于遗传的机运这个问题也是很感困难的。生物学者所提出来解释这问题的许多理论都是很空虚的。近代的生物学者都采变形的预成说（Preformation doctrine）即因素说（The doctrine of genes or the factorial theory）以解释孟德尔遗传（Mendelian heredity），但因承认这说的结果，便立刻发生了一个关于有机体的模型互相关系的因子（Genes）的模型及其化学的性质的问题了。这个问题除了等到理想中超绝的显微镜发明了后，可以研究因子的构造，结合，及其行为时，是不会解决的。我们须知生物差变学和实验的蓄殖法（Biometry and the method of experimental breeding）对于发生学（Genetics）所能做的，只是于遗传方面多添出几个问题罢了；决不会解决一些遗传的问题的。遗传的根本问题是机运的问题，这个问题只有细胞学和发生生理学可以解决。现在这两种科学尚未进步到足以解除我们对于变形的预成说的怀疑。总之，生理学者关于遗传及精子质的知识的现状尚太浅薄，不足以供心理学者的取胜呢。

从上面的讨论看来，已足见心理学中的遗传并不是一种事实，却只是一种假定罢了。这种假定在心理实验室中有什么价值呢？这种假定不是一件大褂子，心理学者发明出来，把它隐蔽他们对于行为的起源及其发展的无知吗？现在心理学自身的科学的基础尚未稳固；心理生理学及发生生理学的领域也尚未开垦过；那么为什么要假定这么许多呢？为什么不直往实验室中去发明些方法和工具用以研究行为的发展方面及生理方面的关系者呢？的确，心理学者至少再等候数十年，等候到生理心理学者确能指定各种反应的神经筋肉模型的部位，及超绝的显微镜足以研究因子的发明了后，或等到我们用竭了可以研究行为的发展（有机体和体内体外的刺激互相交涉的结果）的实验法之后，然后再去求超绝的显微镜中的神（即因子）的帮助还不会迟呢。

事实是这样的，如果我们假定遗传为行为的一种解释，那么上边已经说过，我们还须解释关于遗传的反应的神经筋肉模型和细胞上的根据等种种困难；这样，解释自身也需解释了。简言之，遗传并不解释行为，但只把行为的种种问题用遗传来暂时支吾了，而遗传自身仍是一个问题。

我们不能再任生物学蹂躏了心理学的领土的时期似乎已经到了。我们觉得生物学与心理学各有各的工作，不当侵入他方的领土。心理学是一种独立的科学，必须有它自己的系统和它自己的用以解释的概念。发生学者所研究的是有机体的起源和发展的问题；而心理学者则视此有机体本已如此，而研究它的对于环境的顺应关系。行为常为有机体与其环境间的一个相互的交涉。有了一个有行为的历史的有机体和一种刺激，心理学者便有决定那反应的任务。他不需遗传这个概念，正和他不需上帝这个概念一般。实则行为的最后的原因是遗传，自然上帝，或灵魂，在心理学者看来是无甚区别的。因此遗传的行为，除了神经筋肉模型和行为模型间有了一对一的固定不变的相互关系后，是决不能证明的。

第五节　关于心理学中特种的遗传

本能问题——此时要我把最近三年间关于本能这个概念的辩护和攻击作一篇详备的历史的评论乃是不可能的。我要在此说的是：（一）我以前二篇文章（6.7.）中的陈述，有些将加以修正；（二）拟将凡由实验的观点来拥护本能的辩论加以郑重的考虑。

（A）一个修正——我在我的取消心理学上的本能说一文中说，所谓本能，分析到末了，都是获得的反应罢了。这句话是包含着遗传的与获得的反应的传统上的区别。如有人把不学而能的反应来诘难，那便要发生一种困难了。并且这个区别更引我承认了反动的单位，以为这乃是遗传的原始的反应，我们的复杂的反动组织（Complex reaction systems）都是由此而造成的。实则这无异弃去了我的本旨了。因为既有遗传的反动，那么它们无论如何单纯，本能一名词自还有可用的余地，纵然我们反对它用于复杂的反应方面。我不悔我跑得太远了，我悔我对于本能心理学者让步得太多，致使他们有隙可攻。我很快活乘这个机会把我的本旨修正如下：遗传的与获得的反应间历来的区别应当打消。所有反应都当视为刺激的直接的结果，即是环境与有机体间相互的交涉的结果。我们不能把不学而能的反动属于遗传，正如我们不能把别种反动属诸遗传一样。反动单位之非遗传的动作，也正如成人的复杂的习惯之非遗传的动作相等。遗传问题不是个心理学上的问题，因为心理的特征的遗传不能在实验室中证明或否认的。现在我们且来考虑普通用来作为本能的标准（Criteria）的普遍性和不学而能的两概念（The concepts of universalty and non-acquisition）。

（B）普遍性——我以为反动的普遍性或由于普遍的机体的模型，或由于普遍的环境的要求，或觉二者都为其因。直立而行乃是上等动物（人与猿）的普遍的反应，因为他们都有两腿及直立的姿态之故。鸟类都能飞，因为它们都有翅膀。取食，呼吸，排泄废物，都是有机体（包括植物）的普遍的，也是威尔斯所需不可免的反应，因为有普遍而不可免的有机的要求的缘故。但是普遍性就证明了遗传吗？普遍性与精子质的关系究竟如何？行为的普遍性与精子质的组织有什么关系？威尔斯承认不变的环境的善半是普遍的或不可免的反应之因；但又主张此等反应是依靠于精子质中传递来的决定物的。但是这种决定物是什么？他们又怎样从精子质中传递来呢？它们是决定直立而行的行为中的腿及直立的姿态与飞的行为中的翅膀的发展的决定物吗？如果是的，那仍是把普遍的反应归于普遍的有机体的模型。但是根据普遍的有机模型以区别遗传的与获得的反应又有什么价值呢？并且有机模型的普遍性并不能决定普遍的反应的呈现。它只是指示这种反应的可能罢了。它们究竟呈现与否，完全以有否普遍的，不变的，及不可免的刺激状况为断；所以侧重处是常在环境方面的。简言之，若以普遍的反应谓由于有机体的根本的，不可免的需要，与其躯体构造的普遍性即有机模型，这是很不错的，但普遍的反应的呈现并不是遗传的证据，用以为区别本能与习惯的根据也是说不过去的。

（C）不学而能——有些反动可以不学而能，这乃是事实，无可否认的。但我们又须问：不学而能即得证明遗传吗？是否不学而能也是由于精子质中所传递来的决定物，因素或因子吗？精子质的组织与不学而能的行为模型间有相互的关系吗？如说是的，那么如何相关呢？或以为不学而能是由于在精子质中所已决定的预成的神经连接的；关于这点我前已反对过，现在且总括我的辩论的要点如下：（1）与不学而能的顺应相当的固定不变的通路是没有的；（2）所谓遗传的神经的通路与获得的通路的分别并无胚胎学上的证据；（3）以不学而能的反动为一群特殊的先天的神经通络的结果，而学习或习惯养成为一创造新通路的事，既无实际的证明，也无理论的根据。

我对于以不学而能用为本能标准的第二疑问是这样一种标准，在心理学中究竟能有什么实用的或实验室中的价值呢？譬如我们观察甲、乙、丙三种动作。甲动作在第一次做动作时便见成效，乙动作要做二三次才有成效，而丙动作的成效却要做了一百次或百余次后。根据这种标准，我们便断定甲动作是遗传的，乙丙二动作是获得的。但从这种结论看去，这个标准的危险和不真实便显然了。甲乙两动作的试做的次数之相差只有一二次，而乙丙二者却要相差至九十八次或再多些。然而因要为合于这个标准起见，丙与乙两动作归入获得的反应类，而与甲动作，不学而能的反动类相对时，为什么乙动作较近于丙而远于甲呢？我真不懂了。我以为为实验计，根据于不学而能来区别反动是太草率了，没有价值的。就事实而论，动作并不是这样分为相反的两类的。动作所赖以有成效的稳易，准备，及速度（The ease, readiness, and rapidity），也有程度上的差异。所以我们应得有一种用以测量的标准去度量获得新反应的相对的易度及速度。这种测量的标准是要可以度量从零次起数百数千次的学习的。不学习而能做的动作之不能算为本能的动作，正如需要百次千次以上的学习的动作之为非本能的动作相同。只需二三次的学习而获得的反应之不能称为本能的动作，也正如不学而能的动作不能算为本能的动作相同。这并不是要把本能与习惯视为一物的一种辩论，这只是要把反动分析得更详些的一种要求，这便是说：我们不当把动作区分为相反的两类，如学得的，不学而能的；遗传的，获得的；本能，习惯；而当把一切的动作归入于一种可以测量的标准中，因而使获得新动作的相对的易度及速度可以比较，可以研究了。

新动作能有成效地做成的所需的易度及速度的相对程度得以比较时，心理学便遇到一个真正实验的问题了。某个动作不学而能，某个需二次或三次，而有的需学十次百次不等。这种事实究应由何种成分负责呢？这是个研究新反动的获得中的很重要的问题，应得在发展心理学的实验室中研究出来。但是本能这个概念和它的不学而能的标准便把这个问题蒙蔽了。事实上，这种问题在本能的概念之下是永不会出现的。我所以说：本能是"一种已结束了的心理学"，便是为了这个主要的原因；并且我现在还持着我一年以前发表的建议，便是：本能学者在实验室中便停止了他的工作，而非本能的心理学者便在那儿开始他的工作呢。

向往的反动、反射及情绪——向往的反动及反射的意义虽可以确然明了，而所谓情绪的意义，在心理学中，乃是争辩最多的问题。但就现在而论，我们可以假定说：情绪这名词在心理学中是用以指定一种确实的反动，而此种反动许多心理学者假定为精子质遗传下来的。向往的反动、反射及情绪也是遗传的主要论证，乃亦以此三种反动都是属于不学而能的反动一事为根据的。讨论本能时，我们曾举出我们何以要反对以不学而能为标准去决定遗传的反应的理由。同样的反对，也可以应用来反对以向往的反动、反射及情绪为遗传的反动的主张；所以我们也不必再详细辩论来反对这种主张了。

遗传派心理学者也常说：有机体因为遗传的关系是那样的构造着，所以在适当的刺激之下，遂有向往的反动、反射及情绪的反动。老实地说，我不懂这种话的主旨。关于这种话，康托尔（Kantor. 5）于攻击情绪时会说："这种话说明了什么？这种话岂不是等于说人类是生着会思想，会知觉，会穿衣，和经验其他各种的经验一般吗？"

心灵特性——当形态的及生理的遗传的研究开始盛行时，许多迷信着旧式的心身平行论而工作的生理学者及心理学者，都以为心灵特性必然也是与生理的品质同样遗传的。因此一个近代的生理学者很武断地主张说：某几种低能症，羊痫风，及精神病是遗传的；并且神经质，粘液质的性格激动的，果敢的，及考虑的倾向；常有一种遗传的基础可供解释，乃是无疑的。此外意志之强弱，道德的趋向之良窳，最高的学术探求之胜任与否，常出现于某家族中，而显见其为遗传的，也是无可否认的。许多生理学者，心理学者，及近来许多心理测验者，根据了心灵遗传与生理遗传相并行的假设，试做了许多关于个性差异，心灵特性，及种族的品性的研究。他们利用了统计上的数目字，便断定不但心灵特性是可以遗传的，并且其中许多的特性，如精神病，低能症，性的罪恶，酒精中毒等都是照律遗传的。于此我们也须提及耶基斯及科伯恩（W. J. Ceoburn）二氏关于鼠的野性，蛮性，及怯性的遗传的工作（19，2.）。二氏所用的方法虽较善于戈尔登，伍德，微克司（Weeks），戈达德（H. Goddard）等所用者，因为戈尔登诸人所用者为历史法，询问法，而二氏所用的是为实验的蓄殖法。但是我们此间并不要论及他们的方法及材料的来源的可靠性；因为我们即使承认他们的材料都是在控制极严的条件下收集而来的，我们仍然要怀疑他们的结论的真实。

第一，凡所谓心灵特性不只是用于有机体的反应的社会评价上的极模糊极不确定的范畴的名词吗？精神病是什么？性的罪恶，低能症等是什么？鼠的野性，蛮性等由什么组成？也有一些"特性"能还原为确定的生理形态的事实吗？我们须得记得，凡所谓人类及动物的心灵特性实际上都是社会的名称。各个心灵特性都包括数十，甚至数百个不同的反动；而此等反动中的各个反动又可容纳于别的心灵特性的范畴中。并且有机体的同样的躯体的机运，可以与其他机运有连合而产生见于心灵特性的每一范畴中的动作。凡此种种都指示出指定心灵特质为确定的生理形态的机运之不可能；所以我们不得不说他们的可遗传性只有抽象的意义，这种意义是完全不能为客观的心理学者所接受的。

第二，戈尔登，伍德，戈达德，微克司，洛三诺夫

(W. W. Rosanoff）及其他诸人所研究的心灵特性是具有孟德尔派的意义中的单位的品性（Unit characters）吗？孟德尔的实验，严格的研究确定的形态学上的特资；所谓心灵特性既不能还原为确定的生理形态学上的事实，则用孟德尔律的法式来解说心灵特性是绝对的无意思的。

第六节　撮要与结论

我们现在可以把本文的要点，概述如下：

1. 本篇著者采用心理学中严格的行为论者的观点为其理论的基础，遗传问题全部的讨论是依此基础而来的。行为派心理学关于遗传一问题的见解如下：

（A）遗传问题是须用实验室的观点严格地考虑的。

（B）因为行为的一切事实是可以用生理形态上的名词去申说的，又因为生物学不以遗传的事实为抽象的东西，所以行为论者要求不复普泛含糊地申说（即指定）遗传的反应，而要用确定的，切实的，生理形态学上的名词来申说的。

2. 但是行为模型并不常有确定的，固定不变的神经筋肉模型。并且同样的生理的机运，亦可以用来与别的机运相连合或合作而产生许多不同的反动：如手，足，眼等各各，或共同用在无数的方式中去产生无数不同的反动。从这种事实中，我们可以得一结论：即遗传的反应之神经筋肉模型，不能如发生学者指定发的颜色，眼的形状和大小，或豌豆的长度之样式中，确定地指定其在有机体中的所在地。且若同此手，同此足，同此眼，同此耳，同此神经元，简言之，即问此生理学上的机关，或器官，包含在一切或许多遗传的反应中，亦如他们包含在非遗传的反应中一般，则这种器官不能当为任何反应的遗传的单位，而心理学上的遗传便成为形而上学上的玄谈了。

3. 应用于遗传的反应的问题上的神经连接，先纳司的阻力，神经系的先天的倾向，以及内分泌等普通概念的真实，本文中会加严格的疑问。

4. 遗传的假设是实验心理生理学及发展心理学的进步的途中之大障碍。遗传派心理学者假设了一种性质极神秘而非实验的遗传的素因的存在，以解释行为的起源与发展，这便是把科学的实验室的问题变为形而上学的问题了。

5. 用以为测量本能及他种遗传的反应之标准的普遍性与不学而能之真实，本文亦加以怀疑。

6. 所谓人类及动物的心灵特性，乃系最模糊不定的社会化的行为范畴。各个行为范畴都包括一群不同的反动的；所以没有一种心灵特性是具有任何确定的生理形态学上的（同时不为他项心灵特性的组织分子的）组织分子（Constituents）。

由上面的事实看来，我不得不下结论说：除非我们愿意接受生机论者或心灵论者在心理学中所定的方案（在此方案中遗传仅可以抽象地讨论）则已，否则遗传的全部的概念应当摒诸我们的科学门外。

现在我们在心理学中，并不需要这样许多的遗传的假设，亦如我们之需要实验的专技来研究心理生理学及发展心理学一般。行为学的成功大有赖于这二种科学的成功。行为学者从因袭的心理学中接受了遗传的概念，而不知这种概念乃是代替在实验中的心理生理学及发展心理学中费力吃苦地工作的偷懒的代替物。真的，如果我们愿意承认：由最近出版界的趋向看来，全部行为学者的运动只是去给旧心理学上的范畴换些名称；给意识，感觉，知觉，情绪等重下解释则已；如果我们情愿满意于纯粹的玄想及不可证明的假设则已；如果我们不愿根据心理生理学及发展心理学的实验的结果，而建造这一个行为心理学的建设的方案则已，否则我诚恳地请求行为学者要注意到应用于我们心理学上来的普通生理学上的浮泛而含糊的概念及反应的遗传的假设所生的严重的结果呵！

参考书

1. Allen, E. Racial and Familial cyclic inheritance etc. Amer. J. Anat., 1923, 32, p. 301.

2. Coburn, Ch, A. Heradity of Wildness and Savageness in Mice. Behavior. Monoz., 1922, 4, p. 71.

3. Conklin, E. G. Heredity and Environment, Princeton, University Press, 1919, p. 71.

4. Hocking, W. E. The dilemma in the conception of Instincts as Applied to Human Psychology. J. Abn, Psychol., 1921, 16, 3-96.

5. Kant r, J. R. An Attempt toward a Naturalistic Descripton of Emotions. Psychol. Rev., 1921, 28, p. 37.

6. Kuo, Z. Y. Giving up Instincts in Psychology. J. Phil., 1921, 29, 645-666.

7. Kuo, Z. Y. How are Our Instincts Acquired? Psychol. Rev., 1922, 29, 344-365.

8. Lashley, K. S. The Behavior Interpretation of Consciousness. Psychol. Rev., 1923, 30, 351.

9. McDougall, W. The Use and abuse of Instincts in Social Psychology. J. Abn. Psychol., 1921-1922, 16, 285-333.

10. Moore, C. R. On the Physiological Properties of the Gonads as Controllers of Somatic and Psychical Characters. J. Exp. Zool., 1921, 33, 129-172.

11. Stone, C. P. Experimental Studies of Two Important Factors Underlying Masculine Behavior, etc. J. Exp. Psychol., 1923, 6, 85-106.

12. Tolman, E. C. Can Instincts Be Given Up in Psychology? J. Abn. Psychol., 1922, 17, 139-152.

13. Tolman, E. C. The Nature of Instinct, Psychol, Bull., 1923, 20, 200-218.

14. Watson, J. B. Behavior, Henry Holt. 1914, Chap. 4.

15. Watson, J. B. Psychology from the Standpoint of a Behaviorist; Lippin-cott, 1919, Chaps. 6 and 7.

16. Watson, J. B. Tnindng Marely the Action of the Language Mechanism? Brjt. J. Psychol., 1921, 11, 87-104.

17. Wells, W. R. The Meaning of 'Inherited' and 'Acquired' in Reference to Instiast, J. Abn. Psychol., 1922, 17, 153-161.

18. Wells, W. R. The Value for social Psychology of the Concept of Instinct, J. Abn. Psychol. 1922, 16, 334-343.

19. Yerkes, R. M. The Heredity of Savageness and Wildness in Rats, J. Animal Behavior, 1913, 3, 286-296.

第七章　心理学里面的鬼

▲大鬼八个

▲小鬼十七

▲新鬼日出不穷

▲心理学家是鬼学大王

从前我在中学读书的时候，有一位教员对我说："没有受过教育的人总会相信鬼，受过教育的人总不会的。"他又说："普通人也许迷信鬼神，科学家是绝对不会的。"六七年前，我以为这句话是极有道理的；那知道到了后来，我所发现的事实，都和这位教员的话相反。其实，现在受过教育的人，不相信鬼的是很少的。不要说道士，和尚，扶乩者，魔术者和催眠术者等等，和鬼有特别的因缘；就是堂堂正正的大学生们，博士，教授们，乃至赛因斯先生们，也有一部分的人，天天在鬼的空气中呼吸。

这也不是很可稀奇的一桩事。原来现在中外各国的教育——尤其是大学的教育，不但不教人家不要相信鬼，并且说有许多鬼的功课，以灌输关于鬼的知识。神道学和哲学等，是专门讲鬼的功课，这可以不必说了；近来各国的大学和师范学校，对于鬼的教育，更进一步的扩充。花了许多钱，请了许多鬼学的专门家和鬼学大王天天在学校里研究鬼，制造鬼的科学，每年给了许多鬼学博士的学位。宗教家，哲学家，既是这样地提倡鬼的教育，而鬼学又是大学课程上之一种专门科学；那么，怪不得现在信鬼的人一天多一天，而鬼学专家和鬼学大王的人数也一天一天地增加了。

不过现在的鬼学并不叫做鬼学，大多数的人们都叫他做心理学；所以现在的心理家就是鬼学家，心理学博士就是鬼学博士。

在我没有研究行为学之前，我亦曾经读过很多鬼学——心理学——的功课的。每次走到鬼学的课堂里头，觉得黑云四布，阴气沉沉；有的时候吓得我心惊脉跳，战战兢兢。这是一种很有趣味而同时又是一种很可怕的经验呵！

最近，我把从前的鬼学教授所讲的鬼和鬼学教科书里的鬼分类起来，得到下列三种：（一）大鬼，就是最占势力的鬼；（二）小鬼，就是势力较小的鬼；（三）新鬼，就是鬼学家和鬼学博士们在鬼学研究室里所新发现的鬼。

照我们所晓得的，鬼学里头有大鬼八个，小鬼十七个，新鬼则天天发现，除了几个很熟悉的新鬼外（和 Desire, Drive, Motive, Gestalt, Deterring, Tendency 等等），其余记也记不清楚了。这八个大鬼是：

（一）心灵（Mind）；

（二）自我（self or Ego）；

（三）意识（Consciousness）；

（四）下意识（Unconscious）；

（五）大脑（Brain）；

（六）智力（Imagination）；

（七）本能（Instinct）；

（八）"力比多"（Libido）。

十七个小鬼是：

（一）思想（Thinking）；

（二）想象（Imagination）；

（三）感觉（Sensation）；

（四）感情（Feeling）；

（五）情绪（Emotion）；

（六）情操（Sentiment）；

（七）暗示（Suggestion）；

（八）人格（Personality）；

（九）记忆（Memory）；

（十）观念（Idea）；

（十一）概念（Concept）；

（十二）知觉（Perception）；

（十三）欲望（Wish）；

（十四）意志（Will）；

（十五）注意（Attention）；

（十六）冲动（Impulse）；

（十七）意象（Image）。

从前的鬼学家关于鬼的分类只有知，情，意三种；后来因为鬼学日有进步，常常有新鬼发现，好像天文学家之发现新行星一样，所以现在有了一张这样长的鬼名单。

心理学——不，我说错了，是鬼学——关于鬼的学说现在分做儒佛两大派。儒家以各大学的鬼学教授为代表，专讲"意识"，"思想"，"感情"，"本能"等这一类的鬼。佛家的创教主是维也纳城里的弗氏（Freud），专讲关于"下意识"的鬼的。现在因为篇幅的关系，暂时把儒家的鬼丢开不讲，专讲佛家的鬼。

原来欧洲的佛学和印度的佛学有一点不同。印度的佛学有大乘和小乘的分别。欧洲的佛学是专讲小乘的；所以一切佛经都是关于鬼和地狱的问题的。新佛经里头说，阎罗王"自我"（Ego）是位很正大光明的皇上，他天天检查（Censor）在阳间的鬼 Wishes or Complexes 的举动：如遇着不良的鬼，他就把他拘禁（Repress）在地狱（下意识 Unconscious）里面，并日夜派警察在地狱门口看守，不令这班恶鬼再逃向阳间 Consciousness 来闯祸。这些恶鬼因为地狱门被守门者看好，不能出来，所以想出种种别的方法逃出来，有的跳窗，有的钻墙，也有的假装。私逃出来以后，复在人间作祟，所以人们有"说错话"，"做梦"和"神经病"等种种不祥的现象。这一段鬼话和东方的小乘佛教所讲的鬼话，不谋而合，是孟轲所谓"先圣后圣其揆一也"了！

神话，宗教和哲学所讲的鬼，大家都认得的，惟鬼学里面的鬼，人们晓得是鬼的很少。这是因为鬼学家平日不挂鬼学的招牌，而自己叫做心理学家；一切的鬼又不叫做鬼而叫做"意识""思想""本能"等等；所以人们往往被他们欺骗，误会心理学家为科学家，而不晓得他们也属于迷信的阶级。幸得最近鬼国里头发生一个大革命，名叫"行为主义的运动"，把一般鬼学专家打得落花流水，枪毙了不少的大鬼、小鬼和新鬼，烧去了很多很多的鬼学博士的文凭，把从前黑暗可怕的鬼世界，变成了一个光明灿烂的科学世界，使得人们破除一切迷信。

这是人类进化史里面一段很有光荣的故事。

（原稿登民国十六年二月十三日黎明第二年第一期）

第八章　学习进程中消除错误的动作的次序[①]

黄维荣译

所谓动物与人类学习中的不顺利的举动（Unsuccessful movements），大概可分为二：一种是不适宜的举动（Illadaptive acts）；一种只是过分的举动（Excessive acts）。不适宜的举动能使身体上受损害，或阻碍其所要达的目的（如得到食物或从拘禁处宽放出来的）。过分的举动，并不害及有机体的自身，也不阻止他达到他的目的，不过迟延或增长他的终局的反动（Consummatory reaction）的历程罢了。不适宜的举动和过分的举动，都可以有不同的程度的。

我们的假定是（1）在平常情形下，动物将消除不适宜的举动速于过分的举动。（2）消除不适宜的诸举动的次序，将按照

---

①　此文原名 The Nature of Unsuccessful acts and their Order of Elimination in Animal Learning，见1922年2月比较心理学报（Journal of Comparative Psychology）第二卷第一号。作者著此篇时，托尔曼博士曾予以非常有价值的建议与助力。此篇之一部分曾在西方心理学协会（Western Psychological Association）中宣读过（1921年8月）。

诸不适宜的程度而定。(3) 有时过分的举动，竟有至终未尝消除的。

第一节　试验的性质

因欲证实上述的假定，我们把黑鼠白鼠十三头，做了下面的试验。试验中所用的器具，乃选择器（Multiple Choice apparatus）之一种，内有小室四个：一个小室是引鼠从捷径到食物匣的，一个是从迂道的，另一个是拘禁他几许时候的，第四个中备有电击的刑罚的。为便利讨论起见，我们以后把这四个小室唤做捷径室（Short path Compartment），迂道室（Long-path Compartment），拘禁室（Confinement Compartment），和电击室（Electric Shock Compartment）。

凡走入电击室或拘禁室的，我们目为不适宜的举动，而入电击室的行为比入拘禁室的尤为不适宜，因为前者使鼠身体上受痛苦，而后者不过阻止他的食的进行而已，又进迂道室的举动，只较进捷径室的多费时间，所以我们只称之为过分的举动。假使我们的假定是对的，我们便可预期这个实验有下列的结果：

(1) 鼠将消除走入拘禁室的举动，较速于迂道室的举动。

(2) 鼠将消除走入电击室的举动，更先于拘禁室的举动。

(3) 通常鼠必选择捷径室而弃迂道室。

后面画的是表明所用之器的内容的平面图。外面的长方匣 R. S. T. U，长三十八英寸，阔三十六英寸。内面的长方匣 R^1，S^1，T^1，U^1，长三十英寸，阔二十八英寸。E 为入口门。D^1，D^2，D^3，D^4 均为弹簧门。内面的方匣中，内有四小室。（即图中注有 1234 的数目字者）。

```
                    P
     R                            T
          ┌─────┬─────────┬─────┬─────┐
          │     │   D¹    │     │     │
          │ R¹  │   D³    │ T¹  │     │
          │     ├─┬─┬─┬───┤     │     │
          │     │ │ │ │   │     │     │
          │ F¹  │ │ │ │   │ F²  │     │
          │     │1│2│3│ 4 │     │     │
          │     │ │ │ │   │     │     │
          │     ├─┴─┴─┴───┤     │     │
          │     │         │     │     │
          │     │    O    │     │     │
          │     │         │     │     │
          │ S¹  │    E    │ U¹  │     │
          │     ├─────────┤     │     │
          │     │   D³    │     │     │
          │     │   D⁴    │     │     │
          └─────┴─────────┴─────┴─────┘
     S                            U
```

　　小室的长为内匣的长的一半。每一小室，前后各有一门，各门（入口门及 D¹ 等四门皆然）均附有绳。试验者手持绳，便可以启闭各门。各小室的底板上，装有电击的刑罚器。这个仪器全以一英寸的四分之三厚不涂漆的红木板做成的。上面的盖是用铅线网做成的。

在预备期内（Preliminary）先在 O 处喂鼠以食物。实行试验时，置食物于 F^1 或 F^2 处。P 处为试验者的位置。因有弹簧门之故，试验者可以随意使鼠从迂道或从捷径走至置有食物匣之处。譬如食物匣置在 F^2 处，而鼠走入迂道室，则试验者便启 D^1、D^3、D^4 三门，而鼠便不得不周行廊内以得食物了。若走入了捷径室，他便启 D^2 一门，而鼠便能转向右首，即得食物了。

所用的白鼠黑鼠，共分四组。第一组内四鼠，其余三组，每组三鼠。诸鼠均为距试验前三月所生的，在实验期内他们身体都强健。选鼠时，极小心。许多的鼠，均不入选，因为他们的性不很驯扰。这种选择的手续，都是很正当，很重要的。关于这事我们将在下文详论之。所选的鼠，在试验前均未受过训练的。

饥饿是试验中所利用的主要动机（Primary motive）。别的反动的倾向，如好奇与愤怒等，或由选择的谨慎，或由控制试验中的情境，均使之消除到最少的度数。在试验开始之前，诸鼠均使之饱啖，预备期的前二日，食物减少至最少之量，而此同量的食物，在试验期中，均在每日的一定时间内给予之。在预备期与试验期中，诸鼠均不得在此迷宫（Maze）即此选验器之外给予食物。

在预备期中，诸鼠均使之奔驰于迷宫的驰道中，而各小室的前后诸门，均闭着不开。预备的习练，大概须费五六日，在习练起始之前，便先郑重察视是否有常入一室而不入他室的习惯；但此种属于一方的趋向，却并未发现。

四小室的设备，每室均可互易，试验此组小鼠之时，此室可用为电击室，他组之时，又为拘禁室，试验第三组时，则为迂道室，第四组时，又用为捷径室。所以每一小室，未曾用为同样之室以试验二组之鼠的。（如同此小室，决不同用为拘禁室以试验一组以上的鼠。）试验四组之鼠时，四室上布置不同，其详见于第一表顶上的布置格内。布置格内1，2，3，4的数目字，乃指各室的号数，即在此器的图上所注明的。

鼠由入口处进内后，必择一室以达到食物之处。斯时各室的前门均开，而后门均闭。如鼠入捷径室，则试验者即启此室的后门，而使之由捷径以至食物之处。如入迂道室，则试验者亦启后门，而使之由迂道以至食物之处。如入电击室，则试验者关下前门，拨动器外之机关，而使此鼠受一电气的冲击。若入拘禁室，则闭此鼠于室内二十秒钟。电击力之强，足以使鼠惊叫而立即跃出此室，但施刑之时，也极审慎，不使此鼠伤及他的身体的组织。受罚之后，也无一鼠显露出刺激太甚或不愿更走之状，虽然重临电击室时，迟疑之状，可以从许多鼠中看出来。

每鼠每天共试五次。一鼠若已习会连续十五次进一室中，而无错误，他这习惯便算完全，而他的试验也从此终止了。

第二节　结果

第一表（附在篇末）所记的，乃为试验四组的鼠的详细记录。第一行内的数目，是试验的次数。其余诸长行内的数目字，为诸鼠每次所走入之室的号数。如试验第一组鼠时，第一鼠在第一次上走入第三、第一两室；而斯时此两室，乃一为拘禁室，而一为迁道室。试验第二组鼠时，第四鼠在第二次上所走入的为第一、第四、第三三室，而斯时此三室，乃一为拘禁室，一为电击室而一为迁道室。

第二表

鼠	电击室	拘禁室	迁道室	试验的总数
1	10	49	58	73
2	14	18	43	58
3	14	19	20	35
4	7	27	43	58
5	4	43	47	62
6	(8)	(6)	10	25
7	2	17	39	54
8	(11)	9	(10)	25
9	(6)	(1)	(6)	21
10	2	13		40
11	4	12	24	39
12	5	13		40
13	6	(16)	(16)	31
平均数	7	18	28	40
中数	6	16	24	43

第二表乃十三鼠中每鼠末次走入电击室拘禁室和迁道室的次数。数目中有括号的，乃表示此试验中，不照消除的次序的

规则的举动。

这结果中含有多种重要的事实。

一、消除走入电击室的举动，比拘禁室为速。平均算来，诸鼠在第七次（中数为第六次）后，已不复更进电击室了；而末次走入拘禁室的次数，平均在十八十九次（中数为第十六次）之间。且无论何鼠，第十四次后，从未有走入电击室的了。大一半的鼠均能消除走入电击室的举动在第十次之前；而他方面则第一第五两鼠，走入拘禁室的趋向，直至第四十九第四十三次才得消灭呢。

二、就大概而论，消除走入拘禁室的举动，比迂道为速。末次走入迂道室的平均次数乃在第二十八二十九次（中数为第二十四次）之间。第一鼠走入迂道室的倾向，直至第五十八次后方始消除；而他方面则第十八次，便是末次走入拘禁室的平均的次数了（中数为第十六次）。

虽然四组的鼠，大概都能遵照上面所述的规则做去，但也不无几个例外。第六鼠在第八次后，不复更进电击室，而他在早先二次上（第十六次上）已不复走入拘禁室了。第八鼠直至第十一次，才消除他走入电击室的举动，而在第九次上，已为他走入拘禁室之末次；而第十次已为他走入迂道室的末次了。第九鼠末次走入电击室与迂道室同为第六次，而他第一次后，已不复走入拘禁室了。第十三鼠同在第六次上同时消除他走入拘禁室和迂道室的举动。这四鼠的例外举动，大概看来，也颇容易解释。第六，第八，第九三鼠，是十三鼠中学习最敏捷者。第九鼠只走二十一次，便已学会了怎样去走此迷宫了。第六，第八，二鼠，共走二十五次，而第十鼠，共走三十一次，也便学成了。他们消除走入电击室和拘禁室的举动，虽不怎样早，而他们走入迁道室的举动消除，却比其他诸鼠都早。照第一表上看来，此四鼠末次走入迁道室的次数，比他们全组中的中数早得多，而他们末次走入拘禁室的次数，也较同组中的中数为早；惟有第十三鼠的末次走入此室的次数，适与中数相同（第十六次）。从他方面看来，此诸鼠消除走入电击室的举动，并不加速。惟他们很早便消除走入拘禁室的举动，尤其是迁道室中的举动，所以因此便颠乱这个消除的次序了。

三、十三鼠中，除了第十第十二两鼠外，到末了都采取捷径室的（见第一表）。许多鼠进入迁道室许多次以后，突然改入捷径室，而弃迁道室。这种变易是突如其来不管进入迁道室的次数之多少的。一鼠在迁道室捷径室二者间，忽此忽彼，走了许多次数后，能突然不入迁道室，而专进捷径室的。而此自迁道室而迁入捷径室的突如其来的情形，在第五，第六，第八，第九四鼠中尤显。至于由进入迁道室的行动突然改为进入捷径室的行动而不管前者之次数较多，则在第二，第四，第五，第七，第九五鼠中尤著。第六，第八，第十一三鼠，则在二室间同走了许多次数后，然后不复更进迁道室的。

四、第十，第十二两鼠，至终竟未自迁道室而迁至捷径室。第十鼠第四次后，已不复再进捷径室，而第十二鼠，则第一次后，便不复来。虽然试验的次数，加增到了四十次，但终无迁入捷径室的端倪；专至迁道室的习惯，似乎已经固定了。但这种情形，并不能算是这二鼠的失败的证据。他鼠的记载表上所指示我们的，是他们于捷径迂道二室中，忽此忽彼，走了许多次数后，然后才末了弃去了后者而取路于前者的。第十二鼠第一次后便不复至捷径室，而第十鼠第四次后也不复再至，因此丧失了他们迁易的机会。

我们现在可以把诸鼠进至各室之次数，和自此室而易至彼室的情形，详细分析一下。

第三表

试验的分期	第一期 一至五	第二期 六至十	第三期 十一至十五	第四期 十六至二十	第五期 二一至三十	第六期 三一至四十	第七期 四一以上
走入电击室的次数	34	15	4	0	0	0	0
走入拘禁室的次数	18	15	16	6	4	2	3
走入迂道室的次数	34	38	31	26	57	41	19
走入捷径室的次数	31	27	34	39	55	44	86
总数	117	95	85	71	116	87	108

第三表所示的，是每一试验时期中，十三鼠走入各室的总数。第一次至第二十次，分为四期，每期五次。自第二十一次至第四十次，则分为二期，每期十次。第四十一次以上自为一期。

我们先看每室的结果,再和别室互相比较,便见有下列的各点显露出来了。

［电击室］十三鼠走入此室的总数,在第一期中与走入迂道室的次数相等,但比进入拘禁室与捷径室的次数为多。在第二期中走入电击室的次数,便大大减少了。在第三期中,(自第十一次至第十五次),走入此室的次数更少了①。在第四期中,总数便等于零,而自此以后,也没有更至此室的了。

［拘禁室］诸鼠入拘禁室的总数,在第一期中,较其他各室为少。而第二期中,总数尤少。惟第三期则略多于第二期。第四期以后,渐渐减少。七鼠在第三期后不复更至此室,而十三鼠则第五期后,不复更至。

这样看来,倒很有味的,走入电击室的趋向非但消除得很早,并且是突然而来的。而走入拘禁室的趋向,则渐渐地慢慢地消除的。并且诸鼠离去了电击室以后,便不复再至,而离去了拘禁室已多时后,有许多鼠有更至拘禁室的。

［迂道室］在第一期中走入迂道室的总数,比捷径室为多,而自第二期至第六期,则忽高忽低,了无定向。此期中总数忽增,而他期中则总数忽减。第二第五两期中,走入此室的次数较捷径室多,而第三第四第六期中,则较捷径室的次数少。第末期中,诸鼠走入此室的次数大减,而至捷径室的资料则大增。这是因为在此期中,诸鼠已能选择捷径室了。

从第一表上,我们很容易看得出来,在此试验中,次数

---

① 十鼠于此试验其中已不进此室。

（Freguency）与渐近（Recency）于消除的事实上并无什么关系的。

第三节　动物学习的学说

　　跟着我们的研究的结果，便有个动物行为中久经争论的问题起来了；这就是为什么一个动物要学习，或者说为什么所谓不顺利的举动均遭摒弃而顺利举动均加选择呢？

　　详言之，为什么不适宜的举动消除得比过分的举动为快；为什么过分的举动有时可以不消除呢？在我们申说我们自己关于此问题的意见前，我们先把解释动物学习的各家的学说来批评一下。

　　苦乐说（The pleasure pain theory）差不多是最老的了。这学说的大意，大家大约都早已知道了，可以不用再加诠释。反对这说的人曾攻击主张此说者为主观派和心身互动派。这个攻击是很有理由的；许多主张苦乐说者，的确犯了以心灵解释动物的行为的罪案呢。

　　苦痛的刺激使有机体回避，和快乐的刺激使他趋就的事实是无人否认的。苦乐说只把这经验的事实申说一回罢了。他并不曾告诉我们何以快乐的举动均加选择，而不快乐的举动遭摒弃。换一句话说。这个学说只是把这问题重新再申述一次，而不是这问题的解决。并且卡尔等已经指出过，凡遭摒弃的举动并不都是不快乐的，而遭选择的举动也并不都是快乐的。

因欲避去苦乐说的身心互动的瑕点，霍勃好司(L. T. Hobhouse)① 更创坚定与遏制说（The theory of Confirmation and inhibition）以解释动物学习。福尔摩斯(S. J. Holmes) 曾评论此说，以为这是个从联结的组成中，如何行为很适宜的改变过来的学说。他却并不曾去解释何以快乐每与某种举动相联结，而痛苦与他种举动相联结的缘故②。福尔摩斯于此已很清楚地指点出来，我们所要解决的问题乃是何故某种反应常常复演，而他种反应则被遏制。但他虽于批评霍勃好司的学说时提出了这个问题，他自己也没有圆满地答语。照他说起来，将有力的本能的倾向成为动作的一个反应之或被鼓励，或遭遏制，乃均照该反应与所引起的倾向之相宜性（Conguity）或不相宜性（Inconguity）而定③。

除了把顺利与不顺利两名词改为相宜不相宜而外，福氏的学说也便他无所有了。他也只是把选择的与摒弃的举动的性质详述一下而已。举动的或遭选择或遭摒弃是因为他们是相宜的或是不相宜的之故。但为什么相宜的举动选择而不相宜的摒弃呢？福氏就没有话答了。他想解释动物学中选择的主因（The selective agency），但他总寻不出来，进一步说，也与选择的举动不都是快乐的，摒弃的不都是不快乐的一样，前者不都是相宜的，后者也不都是不相宜的。许多琐屑无关轻重的举动，既不相宜也不不相宜的，可以选择也可以摒弃的。

---

① Mind in Evolution，1915.
② Studies in Animal Behavior，1916，pp. 134-135.
③ 同上。pp. 148-149.

彼得生（J. Peterson）把他的所谓"反应之完全说"来解释学习①。他说学走迷宫时，动物走入断巷或他径时，他的反应起初总是不完全的，因为其余附属的动作不能一时施行。如他的进行即在断巷中忽被阻止后，他也并不十分困恼。反应中某种分子倾向于新近经过的他径中，而他的动作就部分的分散了。此种分子战胜，他种即被阻遏。假如动物方才走过正道 A 后，忽至断巷 B 的巷底时，则此时反应至 A 的趋势仍还留存着，现在便引导被阻遏的动作入此正道了。反之如第一次走入正道后，则动物继续至 A 时，至 B 的纷扰的冲动将渐趋于衰弱而终至于消灭了②。

彼得生的学说，也有几个难点。第一，动物进断巷 B 时，趋向于正道的冲动必须确实存在，或进 A 时，至 B 的冲动亦须存在吗？我想在许多事实中，大概动物每至一道，常有直取一径，并无别的反对的冲动的存在引使他至他道去的。第二，为什么动物第一次进正道 A 时，趋向于断巷 B 的冲动渐趋于衰弱，以至于终止于消灭，而动物择走断巷 B 时，至正道 A 的趋势仍旧坚持不灭呢？这个严重的要点彼得生却没有解释过。第三，假使该动物自 B 处出来后，回到 A 处，因为当他进 B 时，趋向于 A 的倾向，即已存在，且仍坚持，而并不因为此项倾向为走入 B 处的举动所得的新异的感觉上的境况所引起，那便很难懂得"如何趋向于正道的倾向既不能很有力地不使动物走入断巷

---

① Completeness of Response, etc., Psychol. Rev., XXIII pp. 153-162, 1919.

② 同上，pp. 155-156.

于前，而自动物既至或既出断巷之后，能有很足够的力量阻止他不更进断巷呢？"① 最后，如果反应完全自身是负发生选择与清除二者的责任的，我们便无理由可以盼望动物只能喜取捷径的甚于迂道了。——喜取捷径乃作者于此试验中所证实的事实。上面已经报告过，并且第康泼（D. Carnp）② 也有同样的报告的。若照神经的能力的发射而论，取径迂道的倾向，至少也完全发宣，或完全做成，与取道捷径的倾向一般的。

除了上面所述的各家而外，另有一派研究动物行为者解释学习的学说。这种解释是根据于替代的原则的反则的。但此原则也与上述诸说相同，只是学习的叙述而非学习的解释。

现在我们来看别个学说，这是华生的。华生以为次数与新近是动物学习中选择与消除中的主要的原因，他的主要的理论是立足于机遇律（Law of Chance）上的。他说一种新试验之初，顺利的举动是最亲近的举动，并且是最屡屡发现的，这只好像是一种机遇与环境的机械罢了。但是我们的试验的结果却与此说不符。许多鼠子学会了选择正道，并不因为新进与次数多寡之故，并且与新近及次数是无干的。且上面已经指出过，试验中新近性与错误的消除是没有什么关系的。我们的试验所发现的，很足以驳倒华氏的学说，也不必指出他所犯的引用数学上可能律（Law of Probability）的经验上的谬误了③。

---

① R. T. Wiltbank. The Principles of Series and Completeness of Response as Applied to learning. Psychol. Rev, XXⅥ p. 281，1919.

② Psychobiology Ⅱ，pp. 245-254，1920.

③ 参看 Dashiell's article，The Naod for Analytic Study of the Maze Problem. Psychobiology Ⅱ，pp. 181-18，1920.

卡尔复欲于次数律与新近律二者外，更加上感官刺激的强度（Sensory Intensity）一说①。其实上边批评霍勃好司、福尔摩斯及彼得生等的学说的话也可以同样地引来批评卡尔的学说；就是因为他只是照他自己的样式，详述了不顺利和顺利的举动的性质而已。

苦乐说，坚定与遏制说，相宜与不相宜说，反应的完全，替代的反射，与感官刺激的强度等说，已经把选择与摒弃的举动的性质多少叙述得很精当的了。并且也很精细的解释了感觉与运动机的联结是怎样组成的。而新近律，尤其是次数律，也把习惯的如何固定解释过了。可是他们却都没有把福氏自己所说的，"按照行动的结果而保存或复演某种行动而摒弃他种行动"②的选择的主因，很精当的叙述出来。我们并不想摒弃以上诸说，以为完全没有理由；只是想使人注意到更进一步的境遇的分析必当做去，而由此以得到一个将与上述诸学说并无抵触的更精当的选择的主因的说明。这样的一个分析。当包含（1）习惯的固定，和错误的消除的分别；（2）主要的反应的性质及其与附属的举动的关系；（3）实验室中的主要的反应的指挥与驾驭。第一我们先来看习惯的固定与错误的消除的分别。

1. 习惯的固定的意义，是指一个举动的成为机械的动作而说。错误的消除是指诸举动的选择与摒弃而说。在学习的初期，动物有便能选择或摒弃诸种举动的，但并不能即到机械的一阶级。惟有经过许多次数之后，才能渐渐的成为机械的；就是固

---

① Principles of Selection, etc., Psychobiology Ⅱ, pp. 157-165.
② Journal of Compt Nearol. and Psychol. 见上，p. 147.

定了。反复的资料与学习的固定是极有关系的，谁也不能否认，但次数自身却与错误的消除没有什么相干的。我们观察迷宫中的鼠的行为，便可觉得他们第二次选择走正道时，并不盲目直进的；这就是说他们选择此道，并不只好似以前的常常进入此道的结果。在我所经验过的，他们几次在寻求食物时，因误入错误的小室而沮丧之后，再临此室之门时，他们便迟疑不决，不敢即进此室；而迟延了一会后，便转走入正确的小室的。有几头是进了误室之后，急急的从半途中折回，立即改入正室（正确的小室的省称正道，误道误室等仿此）的。还有别的是经过误室时，并不会注意的。这种尝试的非机械的形似的选择，只在试验之初可以察见。自从选择了正室之后，且屡次走入后，这种现象便消灭了；这就是固定已经成功了。

准确是错误的消除的结果与反复的次数的结果机械性是完全不同的，这已经由文生女士（Ms. Vincent）的关于鼠的视官在学习上的作用一试验所证明了[①]。在此试验中，她发现了在学习的起头，鼠子的注意力未能免除时选择正道全恃视官的指挥。但问题习会了后，运动感官的作用，便渐渐替代了视官的作用，而举动也成为机械的了。她又发现在瞬息间的迷惘时中，视官便回复了固有的势力，而这结果便是完全的自动性的减少，和速率的减低。这个发现便很明显的告诉我们，准确的行动和机械性（固定）是不必相连的。在准确的行动还有赖于视官的指挥时，固定性总是没有完成，或是暂时分裂的。

---

① Journal of Animal Behavior，V，pp. 1-27.

这个分别，在人类的学习中便更容易看得出来。我们或从模仿，或从他人口头导训中，可以在学习之初，做得非常准确，一如所能希望于我们的一般。但是这惟有用极大的注意力才能成功。犹如文生女士的试验中的鼠子一般，视官的指挥在施行正当的行动中是占极重要的位子的。所以这是很明白的，注意力大时，举动即未固定，而行动的速率亦缓。习惯的机械性或固定性的特质，便是注意力的减少，与速率的增高，而此举动是成于运动官的作用多，而非只恃视官的。所以这样的一个机械的阶级是惟有在许多许多次数之后才能达到的。

若非华生坚持习走迷宫中惟有次数与新近担负消除错误的责任,[①] 而因此蒙掩了二者的分别，习惯的固定与错误的消除间的分别是大家都明了的。因为我们试验的结果，与鼠的行为的观察都很明白的指示出来，次数是与错误的消除很少关系的。所以我们不能不区立了这个分别，而去寻求更根本的原因，足以解释学习的。但什么是这个根本的原因呢？这个问题，便引我们去考虑第二个提案：就是主要的反应的性质及其与附属的举动的关系了。

主要的反应的性质及其与附属的举动的关系一问题，近来已有许多人［剖立（Perry）[②] 托尔曼[③]与伍德沃斯[④]］讨论过。虽然各人的详细点都不相同，而他们的主要的目的，是根本相

---

① Behavior, pp. 267-268.
② Dociaty and Purposiveness. Psychology Rev., pp. 1-20. 1918.
③ Instinct and Purpose. Psychol. Rev., pp. 217-234. 1920.
④ Dynanic Psychology. Columbia Univ. Press. 1918.

同的，就是要在纯粹机械的与客观的方式中去承认有目的的一事。他们以为这是附着于学习内的，而且于学习根本重要的。按照他们的意思，选择主因是一个动力（Drive）——伍德沃斯①高等的趋向（Higher Propensity）——剖立，或为有定向的顺应（Determining adjustment）——托尔曼。动力促使躯体至一个准备状态中，——身体上的姿势（Bodily attitude）或动作之安排（Motorset）一次引动之后，不即安息，于是成为一种有定向的趋势，激起某种附属的反应，而遏制其他种。这种附属的举动，（或称预备的反动）都是工具（诸种反动）。这都可以被动力激动起来而从事于达到末了的终局的反动的。这些附属的举动都按照他们的结果与终局的反应的关系而被选择或遭摒弃的。

现在我们对于学习中的择选主因似有一个精密的考测了。这个考测是上述各学说的诸家所全部成一部的忽视的。这个目的的机械的诠释，以我思之，不必设有一种思想的历程，或一些心灵的元素的必要了。假使我没有看错，那么这个学说的主张者，当愿以筋肉的紧张，运动的准备，或其他相同的，来解释动力的特性的。

很不幸的，他们却不想去分析这个发生有定向的趋势，而且助强之使之在境遇中占重要位子的试验的情形。从动物试验的观察点看来，这样一个分析是非常重要的。因为动物学习中试验的成功，大部分全靠赖于我们驾驭动物的刺激的能力。新环境的第一次所激起的反动趋势，不定是于学习上有用，有时

---

① 我想与其说这个动力是遗传的，不如说是得来。参看 Journal of Philosophy, XVIII, pp. 645-664，1921.

是于学习有害的。寻食的趋向是常常视为产生学习的，但在试验之初，这也不一定能克制境遇的。窥探的行动所生的好奇心，奋激或逃遁的行动所生的恐怖心，猛烈的反动，逃遁的行动所常生的愤怒心（如闭猫于箱中所常发见者），与别的反动的趋向，都可于试验之初占优势的。在迷宫内的起初几日中，许多鼠子的寻食的趋向，往往完全被别的反动的趋势所阻止。据我自己的观察，许多的鼠，起初每因被新环境刺激太甚了，虽已二十小时不能得食，也不去寻食的。这样的刺激的状态，常延长至二三天，或更延长的。

因为这些骚扰的趋势每于试验的目的上有妨碍的，所以一方面每用种种方法使之减少到最少的程度，而他方面更助长寻食的趋向，这事即于预备的试验中实行之。在此预备期中，置动物于迷宫之内数天，而使之熟悉其中的内容。当实在的试验开始时，好奇与恐怖等便不致引起了。此外在预备期中，饥饿的程序常须规定，而给食予动物，只在迷宫内行之。所以使他获得在迷宫内寻食的习惯。若无此种预备工夫，那么在试验的初期中，是否寻食的趋向能够克制新境遇，便很可疑了。桑代克的以小猫所做的试验中，起初从恐怖与愤怒（或夹杂了些饥饿）所生的逃遁的趋势是很有势力的。惟于许多次数之后，求食的趋势才能替代了逃遁的趋势。约言之，预备工夫的目的，是要使动物自身与困惑的刺激相顺应，然后妨碍学习的反应趋势才不致引动了。

驾驭致动的趋势使之学习，是不一定成功的。动物有时得了很强烈的好奇恐怖等的趋势，克制了其他的趋势，欲利用试验的情形来遏抑他是很不容易的。这类动物，可以称为不驯扰，意思是他们都不易驾驭，学习中需要的趋势，不能使之发展，而不需要的趋势不能使之减少。为何有些动物竟到底学习不会。一半就以此故。这些动物大概系不驯扰的。上面所已经报告过的，在我们选择试验物之时，许多的鼠均因他们极端的易受激触而不入选的手续的正当，于此可以证明了，学习的失败有时是因为试验者对于驾驭试验情形施术不精，不能助长需要的趋势而然。

假使这样的一个诠释是对的，我们便可以很容易看出来，为什么有些鼠比别的鼠更长于学习。速于学成的原因大概有三：（1）学习者的易于驾驭性，（2）神经有可塑性（Plasticity），适于组成联结，（3）试验者操纵试验情形的技能，即一方面助长有用于学习的反动趋势，他方面遏制扰乱的趋势的操纵试验情形的技能。在我们的试验中，许多的鼠的易于学会了这个问题，也是因为选择试验物规定饥饿，和驾驭别的感觉的刺激时，特别的谨慎将事之故。

学习迷宫时，除了寻食的趋向常利用为学习中主要的致动的趋势外，有时我们也引起动物的恐怖的反动趋势，而使之以消极的反动更易消除其走入某种巷内的举动的。这是常以电击的刑罚促成之的。惟在施行电击的刑罚时，须十分谨慎，以不致引起过分的恐怖反应为度，有时因为试验者缺乏施行刑罚之技能，或者因为鼠的太易受刺激之故，恐怖反应，引动过甚，以致动物发出猛烈的动作，或竟被麻木了，拒绝再走，而那试验也必须弃去重做了。在这种事件中，动力已被移易了。恐怖反应大占势力，而寻食的趋向一时被掩了。所以有些人反对用电击的刑罚是很有理由的。若不谨慎将事，每易移易其动力，而因此妨碍于学习的。

但在有些试验中，恐怖反应的趋势可以用为学习中惟一的动机的。华生引葛兰叟（R. Glaser）的试验说，鼠子均掷入热水或冷水中，而任其自寻出路，试验所见，则动物成了一个在热水或冷水中转向正路，而卒至于达到出口的习惯。① 在此种事件中，惟一的动力便是逃遁的趋势了。这样的一个趋势是很强烈的，能驱使动物去忍受一种痛苦的经验——热水或冷水——他平常所避去的一种经验。

惟在有用于学习的动力已确实得到后，我们才可将附属举动分为二组：就是顺利的和不顺利的举动。顺利的举动和不顺利的举动，惟有从终局反动的观点中判定之。惟有在动物寻物时，我们可以把一个妨碍或阻止此动物得食的举动，称之为不顺利的举动，同一的附属的举动，可以被恐怖，好奇心，饥饿，或其他的有定向的趋势所引动。但他们是否为不顺利的举动，却依于与有定向的趋势有关系的他们所产生的结果的。凡此许多的名词，如正道，或误道，有用的和无用的行动，以及动物试验中所使用的有相等的意义的名词，都指试验情形的目的而言。此种情形是试验者所布置定当，以促成动物的目的的反动的。——否则这许多名词，便都没有意义了。此外一个举动的感觉的结果的性质，亦惟有从有定向的趋势中看去才可以懂得。

---

① 见上 pp. 256-257.

卡尔说，断巷的阻止，挫挠，抑制行动，甚于正道；而正道的鼓励与助成行动，甚于断巷。① 但此亦惟指寻食的趋向而言是真实的。假使这动物已经饱啖了，并且对于迷宫中走入断巷或拘禁室的门口已很熟悉了，便可不产生如卡尔所说的感觉的结果的。他如果并不饥饿，仅可以在断巷中，或拘禁室中，很安适的睡觉一下咧。并且反应的适宜不适宜，完全不完全，满意或淹闷等种种概念，唯有在诠释主要的反应时是有意义的。我们对于此种概念的主要的抗议是因为主张诸说者不能很明白很足够的把他们归纳到试验的目的的情形上去，或到这种情形所产生的有定向的趋势上去之故。

以不适于学习而被抑制的趋势（Suppressed tendency）有时可以重现的。这种重现是因为新的感觉上的刺激，或老的刺激该动物所久不生有反应者，所产生的一时的迷惘而然。亦有因为躯体中有某种变动，或迷宫外别的扰乱的原因而来的。抑制的趋势之重现，每致由渐而成的养成习惯的历程一时中绝。在可能之范围之内，我们必当以极大的努力，重新布置此试验的情形，而使不适用的趋势复归诸驾驭之下。

我们现在回到习惯的固定与错误的消除的分别的讨论，而于我们试验的结果中所见的，重叙述之，我们已经看见过动力或有定向的趋势促使躯体往某种终局的反应进行时，每激动各别的附属的反应，而按照他们的结果选择之或摒弃之。此处有个重要之点，为剖立所提出，而为托尔曼所特别重视的，便是

---

① 见上 p. 162.

在附属的反应中，也有许多变易的可能性。这些不同的举动，对于终局的反应的感觉的效力，可以变易不同的；这就是说，有些是不适宜的，有些是不合用的，或过分的，有些是顺利的，或十分需要的。并且上面已经指出过，不适宜的，过分的和重要的举动，其程度可以极不一致的。假定各种附属的举动的不适宜的和过分的各个不同的程度，这动物都辨明白了（我此处并不假定意识的存在），同时别的情形又都相同的，那么这动物自会顺次消除这些举动的；这就是说，不适宜举动，将较过分的先被消除，尤不适宜将较次不适宜的更先消除，而最需要的，则常首先保存的。所以我们在试验中所发现的是电击室比拘禁室更先摒弃，而此二者复比捷径室是较先消除，并且也证明了第康波的发现，在某种范围之内，诸鼠常择取捷径的。

现在很易明白了，不适宜的举动是阻止动物的行动历程之达于终局的反应的，因此预备着达到此末了的反动的筋力没有用却，且被这种阻止或分裂所加深了。并且电击若不产生一些猛烈的动作，或使动物麻木了，便给动物以加增的感情的助力，而使此鼠产生了一个更急速的遁避的反动。在这样事件中，我们要记得，一个加增的反动趋势就是恐怖已被引动，而与主要的趋势就是寻食的趋向相合作了。① 他方面则过分的举动，并不产生一些这样的感觉的结果。因为此时鼠的行动并不被阻。换一句话说，他这举动能够使他达到食物而解除他筋力的紧张。这就是他们的结果中关于主要的反应的异处，而促成我们的试

---

① 併合两个刺激的较大的益处，已被耶基斯及道森（J. D. Dodson）所证明。参看 Jour. Copmt, Neurol. and Psychol, 1908, XVIII, p. 57.

第八章 学习进程中消除错误的动作的次序

验中所见的消除的顺序的。

但我们必须承认，不顺利的举动的消除的规则只可以施行于这样简单的情形之下，在我们的试验中的鼠子可以辨别不适宜的与过分的举动的分别者。反言之，如果试验的情形非常复杂，使鼠昏迷了，或是所有不顺利的举动的感觉上的影响都是相同的，或大概相同的（譬如鼠每次走入误道时，均与以同程度的刑罚，或此试验中完全不用刑罚的），这个规则便不能遵行，而鼠可不依顺序消除诸种错误，或依别的原因，如新近及次数等等。在错误的选择并不加以刑罚的试验中，① 新近，尤其是次数，可以在消极的方面发生影响；这就是说，最近所走过的，或最常过的断巷，往往是最难消除的。

关于消除错误的历程我们讨论得已经很多了。但我还有一句关于习惯的固定的话要说。在学习的初期中，摒弃的举动每能重现，或且有新的举动发现，而选择的举动，可以常常不照一定的顺序发生的，在此其中，鼠子往往比在他期中为易于被新的感官的刺激所迷惘。凡此皆因与运动的联结还未固定。而各个体的顺利的举动还未综合而为一固定的动作之故。试了许多次数之后，这联结渐趋于坚定，而顺列的举动的全系，综合（组织）为连锁的反应。而每次都将发现于一个比较有定的或固定的顺序中了。这就是行为固定的历程，换言之，即是各个体的选择的举动的组合的一个历程。

---

① 在这样的事件中，不顺利的行动当视为过分的，而非不适宜的。

十三鼠各个的记录

第一表

组	第一组			第二组			第三组			第四组			
布置	第1室——迁道室 第2室——电击室 第3室——拘禁室 第4室——捷径室			第1室——拘禁室 第2室——捷径室 第3室——迁道室 第4室——电击室			第1室——捷径室 第2室——迁道室 第3室——电击室 第4室——拘禁室			第1室——电击室 第2室——拘禁室 第3室——捷径室 第4室——迁道室			
试验次数	第一鼠 所入之室	第二鼠 所入之室	第三鼠 所入之室	第四鼠 所入之室	第五鼠 所入之室	第六鼠 所入之室	第七鼠 所入之室	第八鼠 所入之室	第九鼠 所入之室	第十鼠 所入之室	第十一鼠 所入之室	第十二鼠 所入之室	第十三鼠 所入之室
1	3.1	1	2.4	2	1.4.2	4.1.2	4.3.2	1	4.2	4	3	3	4
2	2.4	2.1	2.4	1.4.3	1.2	4 2	4.3.2	4.1	3.2	1.3	2.3	1.4	1.4
3	2.4	2.4	2.2.3.4	1.3	4.3	2	2	3.1	3.1	2.3	4	4	3
4	2.1	2.2.2.1	1	4.3	4.1.2	4.2	1	1	2	3	1.4	2.4	2.4

第八章　学习进程中消除错误的动作的次序

续表

组	第一组			第二组			第三组			第四组			
5	2.4	1	2.21	3	1.3	2	1	1	2	4	4	1.2.4	1.4
6	3.1	2.3.3.4	3.2.4	3	2	1.3	2	2	3.2	4	4	4	2.1.4
7	2.4	3.2.4	3.4	4.3	1.1.2	3	2	2	1	4	3	4	3
8	4	2.1	4	3	2	4.3	2	2	1	4	4	4	3
9	4	1	2.4	2	3	3	2	3.4.2	1	4	3	4	3
10	3.2.3.2.1	2.2.1	4	1.2	1.3	3	1	1	1	4	3	4	3
11	3.1	3.4	4	3	2	2	2	3.1	1	4	3	4	3
12	3.4	3.4	1	3	3	2	2	1	1	4	2.4	4	2.3
13	4	3.3.2.3.1	1	2	1.2	2	1	1	1	2.4	3	2.4	2.3
14	3.1	2.1	2.3.1	3	2	2	1	1	1	4	4	4	3
15	4	1	3.4	3	3	2	2	1	1	4	4	4	4
16	1	1	4	3	3	2	2	1	1	4		4	2.4
17	3.4	1	4	1.3	2	2	4.1	1	1	4	4	4	3

续表

组	第一组			第二组			第三组			第四组			
18	1	3.4	4	3	2	2	1	1	1	4	4	4	3
19	4	4	3.4	2	2	2	2	1	1	4	3	4	3
20	4	4	1	2	3	2	2	1	1	4	3	4	3
21	4	1	4	3	3	2	2	1	1	4	4	4	3
22	1	1	4	3	2	2	2	1		4	3	4	3
23	3.4	1	4	3	3	2	2	1		4	3	4	3
24	4	1	4	1.2	3	2	3	1		4	4	4	3
25	1	1	4	3	3	2	1	1		4	3	4	3
26	4	1	4	3	3		1			4	3	4	3
27	1	4	4	1.2	3		2			4	3	4	3
28	1	1	4	2	3		2			4	3	4	3
29	4	1	4	2	2		2			4	3	4	3
30	3.4	1	4	3	3		2			4	3	4	3
31	1	1	4	2	3		2			4	3	4	3
32	1	4	4	3	2		2			4	3	4	
33	4	4	4	2	3		1			4	3	4	
34	1	4	4	2	3		2			4	3	4	
35	3.1.4	1	4	2	2		1			4	3	4	
36	4	4		3	3		1			4	3	4	
37	1	4		2	3		1			4	3	4	

续表

组	第一组			第二组			第三组			第四组		
38	4	4		2	3		1			4	3	4
39	3.4	1		2	3		2			4	3	4
40	4	4		2	2		1			4		4
41	4	1		2	3		1					
42	4	4		3	3		1					
43	4	1		3	1.2		1					
44	4	4		2	2		1					
45	3.1	4		2	3		1					
46	1	4		2	3		1					
47	1	4		2	3		1					
48	1	4		2	2		1					
49	3.4	4		2	2		1					
50	4	4		2	2		1					
51	1	4		2	2		1					
52	1	4		2	2		1					
53	4	4		2	2		1					
54	1	4		2	2		1					
55	4	4		2	2							
56	1	4		2	2							
57	1	4		2	2							
58	1	4		2	2							

续表

组	第一组			第二组			第三组			第四组		
59	4			2								
60	4			2								
61	4			2								
62	4											
63	4											
64	4											
65	4											
66	4											
67	4											
68	4											
69	4											
70	4											
71	4											
72	4											
73	4											

第九章　归纳推理的实验[①]

A Behavioristic Experiment on Inductive Inference

黄维荣译

第一节　导言

1. 实验的目的——这个实验的目的是要发见归纳推理的历程中所包含的各种言语反应而研究之。这个实验在表面上只说是个记忆的实验，这是因为要受验者自然地发见中文拼合字（Compound Chinese Characters）中各种相同的结构并此相同的结构所代表的相通的关系之故。

2. 名词的解释——在这个实验的研究中，我用归纳推理（Inductive Inference）这个名词。这个名词是从论理学中借得来的，不过我用这个名词只含物观的意义，用以指别出解决某种

[①] 这个实验是1921—1922这学年中，在加省大学的心理实验室中所做的。在这实验的进行中，托尔曼教授曾给我以极有价值的指导与助力，并且为我鉴定原稿。司脱拉顿教授（Prof. G. M. Stratton）曾加以友谊上的关切，并给我以有价值的指示。我都非常感激他们。我更须谢谢华生与勃朗两博士，他们都曾读过我的原稿并与我以明允的批评与指示。

问题中所包含的言语的反应罢了。换言之，我所谓归纳推理的，只指对于含有一个相同的元素的各个不同的刺激的境地或不同的刺激模型（Stimulus Patterns）所发出的一系言语反应而言。这一系的言语反应我假定他将于得到一个言词的新组织或结合（断论，法例或原则）后终止进行，而这个新组织我更预料将用为一个简省的，经济的顺应以反应于每个含有常见刺激元素的刺激境地的。现且设个例来说明他：譬如我们叫一个能言的动物去解决一个耶基司的多种选择的问题（Yerkes' Multiple Choice problem），并叫他只要用言语来代替他两手的工作。在每次试验他的时候，我们增减关键（keys）的数目（不同的刺激模型），而常把真的关键置于中央。起初他只表现出许多胡乱的猜测，偶然碰巧解决了这个问题。但如果我们的受验者不是属低能一类的，数次之后，他便将发现出这个实验的规则，而告诉试验者以中央的关键常是真的关键了。往后数次中，他便证实了他的断论（Conclusion）。自从他发见了这个规则之后，他的言语的反应便减省节短了，所以以后无论何次的试验，他便不胡乱的猜测这个或那个，而将立刻说出：中央的一个乃是真的关键了。我们把这个整个的言语反应的历程唤做"归纳推理"，而尤注意于这个历程的终止于发见了实验的规则或解决问题的这个事实。这里所说的自然只是个极简单的归纳推理的例子。但无论所发见的是地心吸力的原理，或所解决比这个多种选择的问题更为简单，其原理却是完全相同的。

在此开始之时，我们应得首先注意的便是在下面所报告的实验之中，我们所研究的只是一种言语反应（因为没有更好的名词我们叫他为归纳推理），而并不研究如现今一般心理学家所通用的名词，如高级的心灵历程（Higher mental process）理解或思想（Reasoning，Thinking）等一类的东西。在此实验的全部中，我们并不询问受验者以一些关系于所谓意识历程等问题，我们也并不会用些推理来对于后者有所论列。换言之，在我们的实验中，我们对于受验者外表的言语反应，只按照他们的表面的价值（Face value）去接受之，而处理他们的方法，却一如与我们平常处理迷宫中的鼠子的行动一般无二。

3. 过去的研究——以物观的方法研究人类的行为而与我现在所研究的问题直接有关系的，以前却从未有过。以前所有的只是十余篇报告抽想或括论（Abstraction or Generalization）的内省的研究的著作罢了。他们的内容如何，我也不必赘述，因为他们所研究的乃是抽象历程中意识内容的内省方面的考察，而我所专攻的乃是外表的言语反应的物观的研究。霍尔（C. L. Hull）的概念的进化之数量方面的研究（Quantitative Aspects of the Evolution of Concepts）[1] 这个物观的实验于我的问题上比诸以上各种抽象的研究关系较为密切了。但我们二人的问题也是不同的。所同的地方，只是我们二人都用中文字来做我们研究的材料，其间不无一种密切的关系罢了。霍尔所关切的乃在估定研究概念进化的各种方法之相对的效率，而我的意味乃在研究包含在归纳推理的历程中的各种言语的反应。所以我们虽于我们的研究中都着重于自然发见的这个要素，我们所用的

---

[1] Psychological Monograph，28，No. 1，1920.

方法也是不同的。彼得生曾经报告过一个学习中高级的心灵历程①的实验。他所用的方法在某几处虽也是物观的，不过他的结果与我的研究上却没有什么直接的关系。我这个实验在比较心理方面，却与耶基斯的多种选择法及汉密尔顿（G. Hamilton）的猴子，有缺陷的人类，与儿童的学习中坚持法（Perseverance Method）的研究均极有密切关系的。

第二节　材料的说明

1. 中文的拼合字的大概性质——这个实验中，所用的材料是八十八个拼合的中文字。要晓得他们的详细，须先知道中文字的大概性质，中文字中，每个拼合字大概都可（但也不尽如是）分析为二个字原（Components），每个字原自己都有他自己的意义，可以独立写成一个字的。譬如第一图第三行中的吠字，共含二个字原：左边的是个口字，右边的是犬字。口与犬併合便成一个拼合字吠字，而口与犬在中文中都能独立成字的，虽然每个拼合字的字原每多一个在左边，一在右边，但也有一在上边，一在下边的。有的拼合字并有包含二个以上的字原的。但与我这个实验的目的无关，可以不必说及。读者只须把第一图中各字看做各含有二个字原，而除舞、养、友三字之外，都是左右相并写成的。

拼合字的意义多有从组成该字的两个字原中得来的，口与犬两字原所组成的吠字，便是一个好例。但就大概而论，拼合

---

① The Higher Mental Process in Learning. Psy. Morog, 28, No. 7, 1920. （译自1938年8月出版的实验心理学报）

字的意义较多得自字原中之一个，而其他的一个没有深关系的。譬如第一行中的沐字乃由水木两字所成，沐字的意义与水字的关系是显而易见的，但与木字却没有什么关系。这个实验中所用的都是从后者一类中选出的。换言之，便是拼合字的意义都只与一个字原的意义相关，而与另一字原无关的。

上边所述的并不能包含中国文字的全部，因为许多的拼合字的意义，仅有与组成该字的任何一字原的意义都无关系的。并且一个拼合字有时可以有数个意义，并不必定与他的字原有关系的。惟在我这个实验中所选的拼合字的意义都与左边的字原有关系，而其英文译义也只取与左边的字原有关系的一义译释。有几个字的译义是很有些出入的，不过我只取其能够适合于我的实验的目的便了。此处所用以说明的各名词，大半也都是杜撰的，并不是中文中原有的。因为要适合于实验的缘故，有几个拼合字的写法是改变过的，（如本宜作跳的字），并有几个新创字是中文字典上所从未见过的。

2. 预验——这个实验中所用的拼合字及其部首字（Radicals），假部首字（Pseudo Radicals），诱惑字（Misleading Character），反证字（Negative Instance Characters），与字原板（Component card Board），以及实验中种种的手续（以上种种均于下面说明）都是按照二十个受验者所做的预验的结果而决定与采取的。为节省篇幅起见，预验的手续此处姑不说明。我们提及他只是要使读者知道正式的实验中所用的种种材料都是几经审慎的经验而选定的。

3. 部首字及别的字原——八十八个拼合字中，七十五字分隶于五个部首字。此五组各统十五字。属于同组的字，都有一个相同的部首字为其字原，而此字原则均在该字之左。

扌	hand	钅	Metal	非同部首的字	
持	To Carry	镔[7]	Penn	[4]碘	Iodine
指	Pointing	鍀[1]	German Mark	[4]硫	Sulphur
推	To Push	铣	Shilling	玛[1]	Agate
挽	To Pull	鈽[5]	Frane	[4]碌	Green Jasper
扯	To Tear	镍	Nickle	养[3]	Oxygen
掇	Picking	钾	Potassium	[9]行	Walking
握	To Hold	钠	Sodium	舞	To Dance
摺	Holding	镭	Radium	叔[10]	Uncle
投	To Throw	锌	Zinc	友[10]	Friend
摇	To Shake	镁	Magnesium	师	Teacher

续表

挂	To Hang	银[3]	Lock	趒	Jumping
扫	Sweeping	铃[6]	Bell	[1]駮[2]	Fierce Beast
打	To Strike	镯	Bracelet	[9]彿[5]	Buddha
托	To Lift	铰[2]	Shears		
掘	To Dig	鍊	Chain		

氵	Water	女	Femal	口	Mouth
沐	To Bathe	姊	Elder Sister	吠	To Bark
湛	Shore	妈[1]	Mother In-law	叱	To Hoot
游	To Swim	妗[6]	Aunt	吟[6]	Singing
洪	Flood	媳	Daughter In-law	吐	To Vomit
浪[3]	Billow	嫂	Sister In-law	噜	Talkative

149

续表

滨[7]	Coast	嬷	Mama	喃	To Chatter
潮	Current	妹	Younger Sister	呼	To Cry
沸[5]	Boiling	娘[3]	Mother	呓	Talking in Sleep
流[8]	To Drift	姪	Niece	映	Whistling
江	River	妯	Brother's Wife	吻	To Kiss
沃	Irrigation	姨	Wife' Sister	咬[2]	To Bite
深	Deep	姆	Tutoress	唾	Saliva
湾	Bay	媚	Flirtation	喝	Drinking
沈	Sinking	婀	Graceful	吮	To Suck
源	Spring	姣[2]	beauty	吹	To Blow

（见表一）。五部首字各有一定的意义，可以从含有此相同的部首字的拼合字的意义中推论出来，因为他们的意义都含有一个共同的元素的。这个实验的目的，上边已经叙述过，乃是

要研究对于有可推论的环境中所发出的反应的样式的；换言之，即是去研究包含在发见拼合字的相同的结构（即部首字）及其相通的意义或其相共的关系中的言语的反应的。

五部首字的意义为（1）水，（2）女，（3）口，（4）手，（5）金属。（为便于读者的认辨起见，五部首字俱分列于表一的顶格上，但在实验中，此五部首字，除只单独分列于字原板上之外，从未单独发见过的）。读者试观表一便可见凡有氵旁的十五字都与水的意义有关，而其他四组也都如此的。（凡有相同的部首字的拼合字都列于一直行中如此之字，表中共有五行，每字各有英文释义与之并列）。

4. 反证字及诱惑字——第一图中许多同部首的拼合字中有诱惑受验者对于该部首字的意义发生错误的假设的，如女部十五字中，十一字的意义都涉及女戚串女亲属的，例如姊，妈，妗，媳，嫂等字是。口部诸字中三字涉及言谈，或讲话（喃，呓，噜，叫亦近是）。九字涉及人的声音，或响声的（吠，叱，吟，吐，噜，喃，呼，呓，映，吻亦近是）。手部全体的字都有诱引受验者把此部首字的意义解作动作，行动，或运动的。最后金部中五字（镔，鎷，铣，鈽，镍）涉及金钱或钱币，而六字（镍，钾，钠，镭，锌，镁）均为化学元素的名称，此种诱引受验者使作错误的断论的拼合字我们称之为诱惑字（水部中无之）。但欲免得受验者真被诱惑而有错误的断论，或在已被诱惑之后，使自知这种断论的不妥处，必须设立反证以攻破此种断论的成立。反证字的设立便是应这个要求的。反证字共分两种：一为同部的，一为不同部的。同部的反证字即在各部的十五字内，与诱惑字同有相同的部首字的。不同部的反证字在同部十五字之外，而其结构与诱惑字全异。

　　表一第二行女部的末四字（姆，媚，婀，姣）均是反证字，其意义与戚串或亲属等假设相抵触。第三行口部的末六字（唾，吻，咬，喝，吭，吹）均与人声，言谈，讲话诸义相矛盾。第五行金部的末十字其义与金钱或钱币无涉，而首四字与末五字，也与化学元素无关，所以与金钱及化学元素两假设均各抵触，在预验的结果中，五个部首字常被受验者误认文法中字类的一部，如名词，动词，无定形动字之类，但与此种断论相抵触的反证字无论同部的，或不同部的，都是很多很多的。

　　预验中的受验者更有提出一个空泛，广博的意义来解释某个部首字的。同部的字中并无反证字足以校正此种断论，如第四行的手部各字，并不与动作，行动，运动等义相抵触。（实则并非为普通的动作而只为手部的行动罢了，所以以此部首字的意义解作为手或手的行动可以算做正确无误。而只说动作或行动的便不能算为正确了。）部首女子可以解作人类，或人的等义，而金字可以当做化学的或矿物的等义来代替金属一义。（后一类的受验者坚执钱币——鉨，铣等字——及钟，铰等物均为化学元素及矿物所成，所以于化学的或矿物的等义并不抵触）。因要使他们觉得这种假设是错误的，所以于不同部的拼字中，另设一种反证字。第一图末一行内诸字便都是这种的反证字。与以女字解作人类或人的假设相抵触的有叔，友，师三字，因此三字俱无女旁（叔字且与亲串一义相抵触）。与行动，动作等义相抵触的，有行，舞，徣（借作跳）三字，因此三字虽也代表行动，却无部首手字的。与化学的，矿物的这些假设相抵触的，有玛，养，硫，碌，碘诸字，因为这些字中都无部首金字的。

5. 假部首字——表一中有十个字原，每个都在拼合字中发见至二次或二次以上的。含有这些字原的拼合字，其意义中俱没有公共的关系，我们只要一看表一中的英文释义便可知道，因此受验者决不能很合理的从这些字原中推论出一些意义来。这种字我们称之为假部首字。在表一中，他们都用阿拉伯字标志出来。（这些假部首字，在熟悉中国文字的看来，也都有富有意义的。）设立此种假部首字的目的，乃在试验受验者能否因看出他们间并无共同的关系而把他们看做无意义的部分而弃置他们的能力。

6. 字原板——在此纸板之上，八十八个拼合字的字原俱各分别写开。部首字与假部首字也都单独写出。此外更有二十四个新字原，在表一中从未见过的。实际上纸板所有的字，在中文中都有他们的意义的，不过在受验者除了五个部首字外，却便无从习知了。

部首字

申	勿	王	交[b]	火	十
宣	由	口[a]	阿	乘	自
息	至	良[b]	未	垂	币
叕	旨	佳	免	兆	朮
钅[a]	卦	习	林	首	丁

续表

共	朝	㡀[b]	典	奉	足
内	雷	美	原	无	山
言	石[b]	彳[b]	先	舛	车
月	疒	瓜	𦣻	忄	日
艺	犬	氵[a]	乎	匕	夬
曷	鲁	南	欠	土	允
母	弔	比	马[b]	女[a]	眉
夷	叟	么	丁	毛	止
扌	屋	类	圣	帚	屈
又[b]	宂	弯	宾[b]	黑	旃
罙	工	夭	弗[b]	木	甲
蜀	柬	辛	臬	今[b]	族
仁	牛	圭	高	米	不

部首字与假部首字均散列于各处但为读者易于察视起见，部首字都用 a 字；假部首字都用 b 字标出的。字原板的目的及用处，将于下节中说明之。

7. 字的颜色——在实验的实行中，每个拼合字都用两种颜色（黑与绿）写成，所以使得受验者更易把一字分作两部分看。部首字与别的字原的颜色都无一定。左右两字原的颜色，时时互易。有时部首的一边写作黑色，而他字原写作绿色。有时则反之。

8. 拼合字的排列——分表一中所见的八十八字为八组，每组各写一纸，而胶合于白色的油布上。每组十一字中，十字分属于五部首下，而余下之一字则为无部首字的字。每一纸上五部首字各于拼合字中发见二次。字的大小约一方寸。同部的二字每相隔各五六字，这是因为要不使受验者于片刻之内接连看见二个同部首的拼合字之故。每纸之内，中文字与英文字并写，中文居左，而其同义的英释居右。此外另有一套八纸，纸上的字与字的排列都与第一套相同，惟无英文释义。这一套是试验受验者看了中文后，要他背诵出他所记得的英文释义时用的。

第三节　实验的方法

1. 受验者——受验者共计六十人。二十七人为大学中的男生，三十三人为大学中的女生。受验者的大部分都未习过心理学，惟有数人才习初等心理。这般受验者可说都未受过心理学家的洗礼所以于内省术大都不知。作者深信凡做物观的实验，此种受验者较习与内省术的心理学家为佳，因为后者只善为观察者而不能为动物一般的行为以任他人的观察的。受验者对于中国文字平素均未习过。

2. 这个实验在受验者只知是个记忆的试验——因为这个实验的主要目的乃是要从物观方面研究归纳推理的历程，所以受验者须不知我们的真正的目的，而只极自然地偶然的去发见部首字的意义。我们所以只告诉他说，这乃是个记忆的试验，而所有关于拼合字间相互的关系及其公共的部首字等，均各很谨慎的避去不提。我们只给他一堆无组织的而且似乎无关系的中文字及其英文释义而听他自去组织他们，并且在他能力所及处，去推论出部首字的意义。实验时所给予他们的说明书如下：

说明书一：在你面前这个仪器的圆筒上，你将看见许多中国字和他们的英文同义字。看的时候，你须把每个中文字的英文释义记住。每字看三秒半钟。这个圆筒上的字看完之后，我将给你看无英文释义的同样的中文字，并请你把他们的英文同义字说出来。你所学习的共有八十八字，计分八组。这个实验做到你能忆这八十八字的英文释义时便算做完。

在实验终结后，我告诉他们这个实验并不只是试验记忆时，他们都大为惊异。便是最聪明的受验者，能在记忆诸字之前便已到得了五个部首字的确义的，也复自承他们对于实验的真正的目的并不知道。

3. 仪器与显露的时间等——实验中所用的仪器即为霍尔的记忆器。关于该器的详细的说明，请看上面已说过的霍尔自己的书。显露的时间为三秒半钟，每天试验二次，每次诸字各见二次；第一次与英文释义并见，第二次中便无英文字同见，因为这便是要试验受验者已能记忆若干字的意义之故。每个受验者做完一个实验，少者须四日，多者须八日。每一个实验的时间约占四五十分钟。

实验未开始时，便以二项条件与受验者相约，（1）出实验室门后不再记起实验中的事。（2）不得以实验的内容告诉他人，尤其是同为受验者及将不久自愿为受验者的人。实验者并解释他们听，因要去除影响于记忆的种种难于统驭的情形之故，这两条件是必须要遵守的。

4. 认识部首字与假部首字的测验——测验部首字与假部首字的认识与否是采下面这个法子的。

每次给予受验者以"字原板"使他检看时，同时予以下面的说明书。

说明书二：这块纸上的字都是中文拼合字的字原。有的你从未见过，但一大半多是你所学习的字的字原，你已经见过了。请你把见过一次以上的各个字原指出来。这是要试验你认识这些字原是否也与你认识完全的字一样。

在这时关于部首字的事绝不提及，受验者只把这个测验当做记忆试验的一部分，都很切心的尽其能力所及，把正确的（即曾见过一次以上的）字原指出来，以期得到一个较高的成绩。他们常把部首字与假部首字以外的字原都指出来而有一个或许多个部首字与假部首字均未指出的。

5. 测验推理——许多受验者在发现了几个部首字的意义之后，非常惊异，往往在检看字原板前，不能自禁的告诉实验者以他们的发现。别的受验者在指出部首字时往往关于他们的意义有所批评，在这种情形中，实验者只须记录他们的话，不必再加以测验。如果受验者在检看字原板的前后，并未有这种批评，实验者便用下列的法子来测验他们是否已经发现了部首字的意义。实验者将他所指出的各字原写在一张纸上给他看，并询问以下列侦查的问句。

询问辞一：在你所学习的许多字中，你何以知道这几个字原较别的字原为多见，或你怎样能够把这些字原从别的许多字原中分别出来？你对这些字原有什么意见没有？

这些询问辞要问得泰然，一无可疑的形迹。实验者并须为受验者解释说，这只是要晓得他用什么方法去记忆这些的字和认识他们的字原的。受验者对于这个刺激的反应便是将各个指出的字原加以种种意见，如说这个（指某字原而说）字的特别的形状，颇引我的注意；这字在很多字中看见过，但我记不起是什么字了；这个字较别的字大不同，我所以常常认得他；我从他形状上认识他的，或我只偶然认得，并不知道怎样认识他等等。但会发见部首字的意义的或对于假部首字意义曾经探索过的受验者，他们对于这个询问的答语便大不相同的。譬如批评女字时，便将立刻说：这是一个记号，代表妇女的（或亲戚人），因为有这字原的各字都与妇女有关系。因为这样，所以我记得这字是常常发见的。

实验者不可只叫受验者对于部首字及假部首字加以批评，别的字原也须同样叫他批评，因为这样，才不致引起他以实验者只特别注意于某几个字原的疑心了。

6. 察见反证字的测验——在受验者把逐个字原批评过后，实验者更叫他把含有这些字原的拼合字背诵出来。实验者也须给他解释说，这也是记忆试验的一部分。总言之，在此实验的全部中所做的事，照受验者所知道的是：（1）记忆圆筒上中文字的英文译义；（2）从字原板去认识并指出常见的字原；（3）背诵出含有这种常见的字原的拼合字。不能发见一些部首字的意义的受验者，也须同样叫他背诵出这些拼合字。

对于部首字与假部首字而论，背诵拼合字有二种用处：（1）受验者所背诵出的各个部首下的拼合字的字数便可算为据以推论出部首的意义的证据的数目；（2）从背诵出的各字中可以察看出受验者是否在他的推论中已经计及那些反证字。（a）如果他对于部首字的意义所下的断论是与反证字相抵触的,我们可以决然的说,他下断论时忘却了这些反证字,或者虽然记得,在他看来,并未觉得是发生抵触的。若从前说,则他所背诵出的拼合字中应当没有这种反证字的;若从后说,他能背诵出这些反证字而不能看出他们的矛盾点。由另一方面看来,(b) 如果受验者已得到了任何部首字的确义,这里却有二个可能点:第一他或能或不能利用反证字作为正面的证据以证实他的断论,(读者须注意这些反证字只在受验者从诱惑字的共同的性质上下他的断论时,始为攻破这样的断论的反证。)第二他下断论时,或能或不能计及不同部的反证字。若从前说,则我们很容易从他所背诵出的拼合字中看他是否有同部的反证字来决定他,若从后说则可以用下列的方法来决定之。

例如手部各字都与动作,行动等义有关系,并且同部的字中也无与这个推论相抵触,所有的反证字都是属于不同部的。如果受验者不说这个部首是代表动作或行动,而说是代表手的,我们便将考究他,他这断论是偶然得到的,或是计及了不同部的反证字几经审慎然后达到这个断论的。下列的侦查的问句便是解决这个问题用的。

询问辞二:受验者背诵了某部的拼合字后,实验者便把这些字给他看,并问他,他所提出的手若易以动作,行动或运动来解释这个字原,是否较为更好。(询问每个受验者的词句均须相同,并且要态度泰然,以免引起受验者的疑心。)

如果这受验者下断论时已经计及不同部的反证字了,他便将立刻回答说:这个字原不能作动作或行动等解,因为与行动动作有关的舞字，行字，徙字，均没有这样的一个记号（部首字）的。如果我们的问句不能即刻引起这样的一个答语，我便可以安然的断定说，他得到部首字的意义只是偶然罢了。（问句与答语间的反应时间，须用一个随意停止的记秒钟记下来。）

受验者得到他正确的断论大概都是偶然的，所以问他上述的问句时，他便作下面这些答语：（1）他并没有确定何者（手动作或行动）较为更好；（2）二种意义似乎都不错；（3）他觉得手比动作行动更为确切，但不能说出其理由来——这便是他不能举出舞行徙三字攻破行动动作等义；（4）他单只赞同"动作"或"行动"较"手"为佳；或（5）他起初任作了（1），（2），（3），或（4）的答语，但稍加考虑之后，（此时的反动时间必然较长）记起了这些反证字，因下断论说，"手"是最佳的意义；或（6）起初任作了（1），（2），（3），或（4）的答语，后来更作记忆试验时，发见了这些反证字，因此决定说："手"较"动作""行动"为佳，这种反应很可以证明他起初推论部首字的意义时，并未注意到这些反证字上，更可表示这个侦查的问句此处却成为一个提示的刺激（Suggestion Stimulus），引他注意到反证字上去。若无问句去刺激他，这些字他早已忽略过了。

这些不能察见反证字而下错误的断论的均在重于圆筒上学习拼合字时更予以察见他们的好机会。但此时"自然"这个要素，仍是十分注意。实验者只任受验者自己去察见这些反证字而并不加以些微的帮助。如果他察见了，实验者便记下来，并把第一次下错误的断论时与发见反证字间经过的试验的次数记下。受验者发现了反证字后，对于他们的态度或反动如何，也须一并记录。

7. 方法的变换——受验者习完了八十八字时，如果他已得了五个部首字的确义了，这实验便算完毕。如或不然，便须用下列各种的变换法：

（a）如受验者习完八十八字后，虽不能得到部首字全部或数个的意义而能把这些部首字从字原板上指出来的，便于记忆试验终止之时，给予他下列的说明书。

说明书三：这都是你所指出的字原。其中几个字原是自己做意义的（便是不与他字原拼合时，他们也能独立成字的），但大多数是没有意义的。现在请你把有意义的和无意义的字原寻出来。假如你细心想想，你定能把他们分别出来。如果你以为某个字原是有意义的，你须告诉我他的意义是什么，并且把你的理由说出来。你所根据的证据，愈举得多愈妙，一些也不要遗漏，因为你这理由的充足与否，便以你能举的证据之多寡为定。关于字原各猜五分钟。你觉得需要时，你可以取消或改变你的断论，但必须以取消或改变的理由告诉我。如果你不甚明白你所将做的事，请你把这说明书再读一遍。

（b）如果受验者得了上面这个说明书后，仍不能得到五个部首字的意义时，他便须受记忆的复验（Retest）。这个复验说是要测验他八十八字的英文释义尚能记得若干的。复验的说明书如下：

说明书四：现在我再来试验你，看你所学习的字尚能记得若干。你关于字原的意义的断论，有几个是错的，有几个虽然不错，但他还没有充分的证据来证明他，你于圆筒上看这些字时，你可以发见几个新的有意义的字原，或者也能改正你上次所下的断论的错误处。你有新发见时，或要改正你上次的断论时，请你立刻告诉我。

（1）这个复验乃是给不能发见反证字的受验者多得一个发见他们的机会。（2）不能察见同部的拼合字的关系处的，也于此复验中多得一个发见的机会。（3）即不能认见这些部首字是发现在一个以上的字中的，此时便是个认见他们的机会。（4）能从字原板上指出诸部首字而不能背诵含有他们的拼合字的，此时便也多得一个重行察视的机会。

复验后，仍叫受验者背诵出他所指出的字原的拼合字，并叫他如有新发见或要有新改正的，可以一并告诉实验者。

（c）如果受验者于复验后，仍不能察见反证字，实验者便把这些反证字与他的断论相抵触之点指给他看，并且把他对于他们的反动情形记下来。

（d）如果受验者虽能背出部首字的拼合字，但于复验后，尚不能得到部首字的意义时，实验者便告诉他部首字的意义可以从同步的拼合字间相共的关系处中看得出来。

（e）如果受验者于复验后，只能从字原板上指出部首字而不能背诵出他们的拼合字时，实验者便把这些字读给他听，并叫他猜测他们所共有的字原的意义。

（f）如果受验者在复验后，尚不能从字原板上认出这些部首字，实验者便指给他看，并叫他如能认识他们，便把含有他们的拼合字背诵出来，并猜测他们的意义。

8. 废除内省——这个实验中，内省的记载一些也没有。一半因为受验者都未受过内省的训练，上面已经说过了；一半因为我们这样的实验，内省是不适用的，但是最大的原由便因我不相信内省是个科学的方法，就实事上说，这种受验者关于他们所做的实验之内省的报告，决不会比我客观的记录好。在讨论我们所得的结果中，我们并不要推论或猜测实验进行中的所谓意识的历程，这是在上面已经说过的。

这个实验的特点中最重要的一个便是去设备数种标准的情形，使得受验者沉默的语言不得不变为外表的语言，因此实验者可以直接观察反动者（受验者）的反应，而不必叫他去自己观察他自己，我们只于二处应用侦察的问句去完成我们的目的，虽然这个方法，还不是我们理想中的方法（因为这方法仍于发问的人的方面含有个人的问题在内），但与科学上的可靠性与准确性上看来，还比内省的方法要好得多了。

第四节　结果

1. 归纳推理的各方面观——为便于讨论起见，我们把归纳推理的历程分作五方面去讲：（1）部首字的意义的发见；（2）证据的数目；（3）假设的性质；（4）反证字的察见；（5）对于反证字的态度。（这些并不是历程中的步骤或阶级，不能与最近心理学的著作中所称理解的阶级 Stages of reasoning 相混。）这个分类只是依据于目前这个实验的结果而来的。五方面下，各分受验者的反动为数类。实验的主要的结果，将按照这个分类依次讨论下去。第一表表示受验者对于每个部首字的各方面所发出的反动的类别。诸罗马字（A，B，C等字）便是表示每方面的各种类别的。

第一表

受验者	部首字	部首字的意义的发见	证据的数目	假设的性质	反证字察见	对于反证字的态度
1	氵	A	A	A		
	女	A	A	A	A_3	
	口	A	B	B	C_1	C
	扌	A	B	B	B_2	A
	钅	A	A	B	B_2	B_1
2	氵	A	A	A		
	女	A	A	A	A_3	
	口	A	B	B	B_2	A
	扌	A	A	A	A_3	
	钅	A	B	B	B_1	A
3	氵	A	A	A		
	女	A	B	B	B_1	B_1
	口	A	A	A	A_2	
	扌	A	A	A	A_3	
	钅	A	A	A	A_3	
4	氵	A	B	A		
	女	A	B	B	B_1	
	口	A	A	B	B_2	B_1
	扌	A	A	A	A_3	A
	钅	A	A	A	A_3	

续表

受验者	部首字	部首字的意义的发见	证据的数目	假设的性质	反证字察见	对于反证字的态度
5	氵	A	A	A		
	女	A	A	B	B_2	A
	口	A	A	A	A_4	
	扌	A	B	B	D	A
	钅	A	A	A	A_1	
6	氵	A	A	A		
	女	A	A	B	B_2	A
	口	A	A	A	A_3	
	扌	A	B	B	B_1	A
	钅	A	A	A	A_3	
7	氵	A	A	A		
	女	A	A	A	A_1	
	口	A	A	A	A_3	
	扌	A	A	A	A_3	
	钅	A	B	B	B_1	A
8	氵	A	A	A		
	女	A	B	B	B_2	D
	口	A	B	B	B_2	A
	扌	A	A	A	A_3	
	钅	A	A	A	A_3	

165

续表

受验者	部首字	部首字的意义的发见	证据的数目	假设的性质	反证字察见	对于反证字的态度
9	氵	A	B	A		
	女	A	A	A	A_3	
	口	A	A	A	A_3	
	扌	A	B	B	D	B_2
	钅	A	A	A	A_3	
10	氵	A	B	A		
	女	A	B	B	B_2	D
	口	A	A	A	A_3	
	扌	B_1	B	B	C_1	B_3
	钅	E_1	A	A	A_3	
11	氵	F_3				
	女	A	B	B	B_2	A
	口	A	C	C	B_2	B_2
	扌	A	C	C	C_2	B_3
	钅	F_1	C	B	B_2	A
12	氵	A	A	A		
	女	A	A	A	A_4	
	口	A	B	B	B_2	A
	扌	B_1	C	B	C_1	E
	钅	A	A	A	A_4	

续表

受验者	部首字	部首字的意义的发现	证据的数目	假设的性质	反证字察见	对于反证字的态度
13	氵	A	C	A		
	女	A	C	A	A_4	
	口	A	C	A	A_3	
	扌	A	C	C	C_2	B_1
	钅	A	C	A	A_3	
14	氵	A	C	C	C_2	E
	女	A	B	B	B_2	E
	口	A	C	C	C_2	B_1
	扌	B_1	A	A	A_3	
	钅	F_1	A	A	A_3	
15	氵	A	B	A		
	女	A	B	B	B_2	E
	口	A	C	B	C_2	B_3
	扌	E_4				
	钅	B_1	B	A	A_3	
16	氵	B_1	B	A		
	女	A	B	B	E	D
	口	A	C	C	B_2	B_1
	扌	E_1	B	A	A_3	
	钅	A	C	B	B_2	D

续表

受验者	部首字	部首字的意义的发见	证据的数目	假设的性质	反证字察见	对于反证字的态度
17	氵	A	A	A		
	女	A	B	A	A_3	
	口	E_1	C	C	B_2	A
	扌	E_1	D	C	B_2	A
	钅	A	A	B	B_1	A
18	氵	A	A	A		
	女	A	B	B	C_1	C
	口	A	B	B	B_2	A
	扌	A	C	B	C_1	A
	钅	A	C	A	B_2	A
19	氵	A	B	A		
	女	A	B	B	E	C
	口	A	C	C	C_1	B_1
	扌	A	C	C	C_1	A
	钅	A	A	A	A_3	
20	氵	A	B	A		
	女	A	B	B	C_2	B_3
	口	F_1	C	C	C_2	B_1
	扌	A	A	B	C_1	B_2
	钅	F_1	C	A	A_3	

续表

受验者	部首字	部首字的意义的发见	证据的数目	假设的性质	反证字察见	对于反证字的态度
21	氵	A	B	A		A B_2 A
	女	A	B	B	D	
	口	F_1	B	B	C_2	
	扌	A	B	B	C_1	
	钅	F_1	B	A	A_3	
22	氵	A	B	A		A
	女	A	A	A	A_3	
	口	A	C	B	B_2	
	扌	E_1	B	A	A_3	
	钅	A	B	B	D	A
23	氵	A	B	A		A
	女	A	A	A	A_3	
	口	A	C	B	B_2	
	扌	E_4				
	钅	A	B	B	C_1	A
24	氵	A	C	A		
	女	A	C	B	B_2	B_1
	口	A	C	B	C_1	A
	扌	E_1	A	B	C_1	A
	钅	A	C	C	C_2	A

169

续表

受验者	部首字	部首字的意义的发见	证据的数目	假设的性质	反证字察见	对于反证字的态度
25	氵	A	B	A		
	女	A	A	A	A_4	
	口	A	C	C	C_2	B_2
	扌	A	B	B	C_1	B_1
	钅	A	A	A	A_3	
26	氵	A	C	A		
	女	A	C	B	C_2	E
	口	A	C	B	C_2	B_3
	扌	A	C	B	C_1	B_3
	钅	F_1	A	A	A_3	
27	氵	E_4				
	女	A	C	B	C_1	E
	口	A	C	C	B_2	B_2
	扌	E_1	D	C	C_2	B_1
	钅	B_1	A	A	A_3	
28	氵	A	B	A		
	女	A	B	B	B_2	B_1
	口	A	A	A	A_3	
	扌	A	C	B	B_2	A
	钅	A	B	A	A_4	

续表

受验者	部首字	部首字的意义的发见	证据的数目	假设的性质	反证字察见	对于反证字的态度
29	氵	B_1	A	A		D A B_3
	女	A	B	B	B_2	
	口	A	C	C	C_2	
	扌	A	C	C	C_2	
	钅	F_1	B	A	A_3	
30	氵	A	B	A		C B_1
	女	A	C	B	C_1	
	口	A	C	A	A_4	
	扌	A	B	B	C_1	
	钅	E_4				
31	氵	A	A	A		B_3
	女	A	A	A	A_4	
	口	A	B	A	A_3	
	扌	A	B	B	D	
	钅	A	A	A	A_3	
32	氵	A	C	A		A B_3
	女	A	C	B	B_2	
	口	A	A	A	A_3	
	扌	E_1	D	C	C_2	
	钅	B_2				

171

续表

受验者	部首字	部首字的意义的发现	证据的数目	假设的性质	反证字察见	对于反证字的态度
33	氵 女 口 扌 钅	A F_1 E_1 A F_4	B C C C	A B B C	B_2 B_2 B_2	C A A
34	氵 女 口 扌 钅	A A A A F_3	A A B B	A A A B	A_4 A_3 C_1	A
35	氵 女 口 扌 钅	A E_4 A B_1 E_4	C C C	A A C	A_4 C_1	B_3
36	氵 女 口 扌 钅	A A A A A	C C C A C	A B B B B	B_2 C_2 C_1 C_1	D A A B_1 A

续表

受验者	部首字	部首字的意义的发见	证据的数目	假设的性质	反证字察见	对于反证字的态度
37	氵	A	B	A		
	女	A	A	A	A_4	
	口	A	C	C	C_2	B_1
	扌	A	C	C	C_1	A
	钅	E_1	C	C	C_1	A
38	氵	A	D	C	C_2	E
	女	A	A	A	A_3	
	口	A	C	C	C_1	B_3
	扌	A	D	C	C_1	E
	钅	A	D	C	C_1	B_2
39	氵	E_4				
	女	C	B	C	C_1	B_2
	口	A	C	C	C_2	B_2
	扌	A	D	C	C_1	B_2
	钅	E_4				
40	氵	A	C	A		
	女	E_1	A	B	C_1	D
	口	E_1	D	C	C_1	D
	扌	F_1	D	C	C_1	B_3
	钅	F_3				

续表

受验者	部首字	部首字的意义的发见	证据的数目	假设的性质	反证字察见	对于反证字的态度
41	氵	E_1	B	A		
	女	E_1	B	A	B_2	B_3
	口	A	C	C	C_1	B_2
	扌	A	C	C	C_1	B_2
	钅	F_1	C	B	B_2	B_2
42	氵	B_1	A	A		
	女	A	B	B	C_1	B_2
	口	B_1	A	C	C_2	B_3
	扌	B_2	B	C	C_2	E
	钅	B_2	A	B	C_2	E
43	氵	E_1	A	A		
	女	A	C	B	C_1	A
	口	A	D	B	C_2	E
	扌	E_4				
	钅	F_3				
44	氵	E_4				
	女	A	C	B	D	E
	口	E_4				
	扌	F_3				
	钅	E_4				

续表

受验者	部首字	部首字的意义的发见	证据的数目	假设的性质	反证字察见	对于反证字的态度
45	氵 女 口 扌 钅	E_4 C E_4 F_3 E_4	A	B	C_1	A
46	氵 女 口 扌 钅	E_4 E_2 E_4 E_4 F_3	B	B	E	B_2
47	氵 女 口 扌 钅	E_4 C E_2 E_2 C	B A A A	B C C A	C_2 C_1 C_1 A_3	B_2 B_3 B_3
48	氵 女 口 扌 钅	C C D D C	A A A	A B B	C_2 C_1	A B_3

续表

受验者	部首字	部首字的意义的发见	证据的数目	假设的性质	反证字察见	对于反证字的态度
49	氵 女 口 扌 钅	C D D F_2 F_3	A	A		
50	氵 女 口 扌 钅	F_3 F_2 D D D				
51	氵 女 口 扌 钅	E_4 D D D F_2				
52	氵 女 口 扌 钅	E_4 B_1 E_4 B_2 F_3	A	B	E	B_3

续表

受验者	部首字	部首字的意义的发见	证据的数目	假设的性质	反证字察见	对于反证字的态度
53	氵 女 口 扌 钅	E_4 E_4 E_4 E_4 F_3				B_3
54	氵 女 口 扌 钅	C E_4 E_2 E_2 F_3	A A A	A A B	 A_3 C_1	 A
55	氵 女 口 扌 钅	E_4 B_1 B_1 F_3 F_3	 D D	 C C	 C_2 C_1	 D E
56	氵 女 口 扌 钅	E_3 E_3 D D F_2				

续表

受验者	部首字	部首字的意义的发见	证据的数目	假设的性质	反证字察见	对于反证字的态度
57	氵	E_3				
	女	E_4				
	口	E_4				
	扌	E_3				
	钅	F_3				
58	氵	E_3				
	女	F_2				
	口	E_3				
	扌	E_3				
	钅	F_3				
59	氵	E_4				
	女	B_1	A	A	A_4	
	口	B_1	C	C	B_2	B_1
	扌	E_4				
	钅	F_3				
60	氵	D				
	女	D				
	口	D				
	扌	E_4				
	钅	F_3				

2. 部首字的意义的发见——所谓部首字的意义的发见乃指发见各种拼合字（或合体字 Compound Characters）的意义间相通的关系，及代表此种关系的部首字而言。试验的结果，这种

第九章 归纳推理的实验

反动显有下列各种不同的类别：

A类　这类的受验者在未授以说明三（Instruction Ⅲ）以前，即能自己自动地发现字与字间的关系处，而推得这部首字的意义（不论他是否正确）。这类的推理，常在受验者未能全忆八十八个拼合字之前所做的。

B_1类　这类的受验者在得到了说明三之后，发现这个关系处。

B_2类　这类的受验者在得到了说明三后，虽已知道部首字的意义可以从字与字间的关系处寻出来，但他不能寻出他的意义。

C类　这类的受验者，得到了说明三后，仍不能自己发现出这个关系之处。但试验者告以部首字意义可于拼合字中相同的结构所代表的关系中求之之后，也能以推理来探索部首字的意义了。

D类　这类的受验者，虽在试验者告以寻求诸字间相共的关系处后，仍不能发见部首字的意义。

B_1，B_2，C，D，四类的受验者，已能记忆足够的字数以供推理之用；他们在复验以前，已能记这样多的字数了。

E_1类　这类的受验者，以前因为不能忆足字数以为推理之资，或因记错了字的结构（就是以不属于同一部首的字误忆为属于同一部首之内，因而不能寻获其相共的关系处者）而失败者，在复验时，或复验后，能（A）记足字数，改正其误忆之字，（B）发见其关系，而从事于推理了（不论他的推理是否正确）。

E_2 类　这类的人能为 E_1 所能的（A）项，而不能为 E_1 所能的（B）项，惟在试验者教以注意于属于同一部首字的关系处后，才能从事于推理。

E_3 类　这类的人能为 E_1 之（B）项，而不能为 E_1 之（A）项，虽试验者指示以相共的关系处而仍不能推理。

E_4 类　这类的人乃因不能为 E_1 的（A）项，因而亦不能为 E_1 之（B）项。（E_1，E_2，E_3，E_4，四类的受验者在未复验之前，能于"字原板"上指出部首字。）

F_1 类　这类的人，以前不能于字原板上指出部首字，且不能记忆此种部首字曾在那个拼合字中见过，因而不能发见部首字的意义，在复验之后，能为（A）（B）两项了。

F_2 类　这类的人能为 F_1 的（A）项，而不能为 F_1 的（B）项，虽试验者告以字与字间有相共的关系而仍不能推理。

F_3 类　这类的人虽在复验之后，仍不能于字原板上指出诸部首字，或虽能之，而不能记忆足够之字数以供推理之资，又或误记了字的结构，因而终不能为推理者。

第二表

类别	犭 数目	犭 百分率	女 数目	女 百分率	口 数目	口 百分率	扌 数目	扌 百分率	钅 数目	钅 百分率	大总数	百分率
A	35	58.3	39	65	37	61.7	28	46.7	23	38.3	162	54
B_1	3	5	3	5	3	5	4	6.7	2	3.4	15	5
B_2	0	0	0	0	0	0	2	3.4	2	3.4	4	1.3
C	3	5	4	6.7	0	0	0	0	2	3.4	9	3
D	1	1.6	3	5	6	10	4	6.7	1	1.7	15	5
E_1	2	3.4	2	3.4	3	5	6	10	2	3.4	15	5
E_2	0	0	1	1.7	2	3.4	2	3.4	0	0	5	1.6
E_3	3	5	1	1.7	1	1.7	2	3.4	0	0	7	2.3
E_4	11	18.3	4	6.7	6	10	7	11.7	6	10	34	11.3
F_1	0	0	1	1.7	2	3.4	1	1.7	7	11.7	11	3.6
F_2	0	0	2	3.4	0	0	1	1.7	2	3.4	5	1.6
F_3	2	3.4	0	0	0	0	3	5.0	13	21.7	18	6
总数	60		60		60		60		60		300	

　　第二表是根据第一表而造成，用以表明受验者对于各部首字所代表的意义的反应之类别数目和百分率的。这张表中与第一表中反应的类别这一格内，有几件事实很可注意：

　　1. 我们若将对于五个部首字的反应合看起来，54%是属于A类的，不能发见关系者的百分率是很大很大的（就是占了46%）。我们更须注意A类中有二十六个推理或断论乃是妄猜的偶中。假使把他从A类中除去了，那么失败者的百分率更大多了（54%）。

2. 失败者（即不能在授以说明三之前发现部首的意义者）的总数中，32%是属于 B_1，B_2，C，D 四类的。44.1%是属于 E_1，E_2，E_3 三类，而 24.7%是属于 F_1，F_2，F_3 三类的。换一句话说，就是失败者中的 66%是因（1）不能记忆足够的字数以供推理之用，（2）因误忆了字的结构，或因不能于字原板上指出孰为部首字，而因之不能在记忆试验完毕之前，发现部首字的意义的。

3. 我们再看第一表上反应的类别一格所表示的是：凡对于一个或一个以上的部首字的反应是属于 A 类的人，（惟除出第三十九号的受验者）从不更属于 CDE_2E_3 或 F_2 等类了。$CDE_2E_3F_2$ 诸类的人，是试验者告以属于同部首之诸字中有一个相共的关系可寻，然后能发见部首字的意义，或虽告以如此，而仍不能发见的。他方面，在这一栏中，我们更可看出 E_1 一类之 93.3%与 F_1 一类之 90%的人，是对于一个或一个以上的部首字的反应是属于 A 类的，而对于其他的部首字因不能记忆足够之字数，或因误记了字的结构，更可因不能于字原板上认出这些部首字以致不能发见他们的意义的。所以他们在能够辨别了部首字，与记得了字的正确的结构后，不待试验者的启示，便能发见他们的意义了。换一句话说，这些受验者，虽亦有时不能推得部首字的意义，但这个失败是属于记忆，而不属于不能察见他们的关系的。反之，$CDE_2E_3F_2$ 诸类的失败者，乃是由于不能发见关系处之故，因为他们都能在复验之前，或复验之后，记得足够之字数，以供他们的推理之需的。

第三十九号受验者这个例外是很容易解释的。他于口，手两部首的反应，虽属于 A 类，但他于这两部首字的意义之假设是下得非常宽泛的，并且他所举以证实断论（Conclusion）的证据（Evidences）也是很少的。从上两点看来，我们可以疑及他，他虽假定了这两个部首字的意义，他或者不曾确实发见这两部首字所代表的真正的关系的（看第一表上这人的记录）。

第三表

	氵	女	口	扌	钅
平均数	8.46	8.90	8.79	9.10	9.52
平均百分率	56.4	59.3	58.6	60.7	63.5

熟记拼合字为对于关系处发生反应的一个要素（factor）——第三表所表示的乃是受验者在发见拼合字的共同关系点时所熟记的各个部首字下的拼合字之平均数与百分率；很可注意的一件事，便是受验者所熟记的各部首下的字数从不小于平均数 8.46 或百分率 56.4 的。这个很可以表示出熟记拼合字的对于发见字与字间共同关系处的重要了。

3. 证据的数目——所谓证据的数目乃指受验者所能够记忆的拼合字的字数，用以来证明他的部首字之意义的断论而言。为讨论的便利起见，我们把推理反应中这个情形，分作下列数类来研究。

A 类　此类的受验者可以记得五个以上的拼合字以证实其断论。

B 类　三个至五个的拼合字。

C 类　一个至三个的拼合字。

D 类　此类的受验者并无一些证据以证实他所下的断论。

换言之，他不能记出一些拼合字以证实其对于部首字所下的意义。

第四表

类别	氵 数目	氵 百分率	女 数目	女 百分率	口 数目	口 百分率	扌 数目	扌 百分率	钅 数目	钅 百分率	大总数	百分率
A	18	41.9	19	38.0	12	25.5	11	26.2	19	51.7	79	36.2
B	16	37.2	20	40.0	8	17.0	13	30.9	8	21.7	65	29.7
C	8	18.6	10	20.0	24	51.1	12	28.6	9	24.4	63	28.8
D	1	2.3	1	2.0	3	6.4	6	14.3	1	2.7	12	5.5
总数	43		50		47		42		37		219	

第四表所表示的乃是每类中每个部首字下的受验者的数目和百分率。总五个部首字而合计之，我们见 A 类的百分率最高，而 D 类的最小。若我们把 BCD 三类合计之，那么不能有五字以上以证实其断论的人，便有 64% 了。按照现在的试验而论，我们虽不能断言三个至五个的证据中所产生的断论是不合法的，但占 28.8% 的 C 类（只能说出一个至三个的证据），实在是不谨慎的推理的代表。虽然这类的推理，有时也是不错的。我们须知可以用为证据的字，每部首字下有十五字之多。这种急于下断论的倾向，在对于假部首字（Pseudo radicals）的反应中，更其容易可以看得出来，第十表中所示的只有了两个证据而即依之以推理的竟有三十三人之多（占 55%）。

4. 假说的性质（The Nature of the Hypothesis）——我们所谓假设的性质乃指受验者对于部首字的意义第一次所作的推

理的正确与否而言。第一次所下的假设，对于部首字的本义（actual meaning）的关系如何，我们可以把他分作下列三类以说明之。

A类　第一个猜测或断论与部首字的本义相吻合者（如以水释部首氵字）。

B类　第一个猜测虽与部首字的本义有关，但因有反证字（Negative Instance Characters）之故，而不能算做正确的（如以亲属训女字，以钱训金字等）。

C类　这类的断论，都是很弯远的猜测，与部首字的本义不相涉。（如以物名字训部首氵字，以"动词"训部首口字与扌字等类）。

第五表

类别	氵 数目	氵 百分率	女 数目	女 百分率	口 数目	口 百分率	扌 数目	扌 百分率	钅 数目	钅 百分率	大总数	百分率
A	41	95.4	15	30.0	14	29.8	8	19.1	22	59.5	100	45.7
B	0	0	33	66.0	15	31.9	18	42.9	12	32.5	78	35.6
C	2	4.6	2	4.0	18	38.3	16	38.3	3	8.0	41	18.7
总数	43		50		47		42		37		219	

第五表所表示的乃是按照假设的性质之类别中，每个部首字下所有的受验者之数目与百分率。此表所包括的只是受验者第一次所下的假设。（以后假设的变换都不在此表之内）。若把各个部首字单独计看起来，则女部 B 类的百分率（66%）远过

于 A 类（30%），口部的 B 类（31.9%）略高于 A 类（29.8%），而扌部之 B 类（42.9%）也是远过于 A 类（19.1%）。惟氵部则 A 类为 95.4%而无 B 类，金部的 A 类（59.5%）也比 B 类（32.5%）为大。至于 C 类则在氵，女，金，三部其百分率均甚小，而在口，手，两部则甚大。这因为我们把离题太远的动字及不定法动字（Verb and Infinitive）来释口，手两字的假设都包括在此类之内之故。第一图（Plate 1）上这两部下的拼合字之可以当作动字与不定法动字的，的确是很多的。所以受验者以这两个部首当作动字与不定法动字的记号的，虽然不对，却也并非全无理由。我们若把这种假设不归入 C 类之内，那么口手两部中此类的数目也并不很大了。所以无论如何，我们总可以说，受验者第一次的猜测不是与部首字的本义相吻合的，也是都与本义很相近的。离题太远的猜测都是一般必待试验者示意以字与字间有关系点可寻之后，而后能从事于推理的受验者所做的。（这类很远的猜测，都在第六表上以括号来表明之）。照此看来，如果受验者能够自己发现字与字间的关系的，他们第一次所下假设，虽有时不尽对，大半都与部首字的本义很相近的。

各部首字下 AB 两类的相差，其一部分之原由，至少可于下面这个事实中解释出来。

第六表

水部			女部			口部		
意义	数次	百分率	意义	次数	百分率	意义	次数	百分率
（自然现象）	1	2.3	（生物）	1	1.35	（音乐）	1	1.61
流	1	2.3	（爱）	1	1.35	（人类的动作）	1	1.61
定法动学	1	2.3	（动作）	1	1.35	本能的动作	1	1.61
水	41	93.3	（身体）	1	1.35	（情绪的）	1	1.61
			（表现）	1	1.35	（身体中病部）	1	1.61
			家属	1	1.35	男子的	1	1.61
			物名字	2	2.70	运动	2	3.22
			人类	3	4.06	喉	2	3.22
			人的	9	12.20	唇	2	3.22
			亲属	31	41.90	不定法动字	3	5.84
			女亲属	8	10.82	动作	4	6.44
			属于女的	15	20.27	说话	6	9.68
						动字	10	16.10
						声音	13	20.97
						口	14	22.58

手部			金部		
意义	次数	百分率	意义	次数	百分率
力	1	2.05	（男子的）	1	2
体力	1	2.05	物名字	1	2
提	1	2.05	矿物	5	10
工作	1	2.05	化学原质	11	22
（死）	1	2.05	钱	10	20
用力	1	2.0	金属的	22	44
激烈的动作	2	4.10			
不定法动字	4	8.20			
行动	7	14.30			
动字	8	16.30			
动作	13	26.50			
手	9	18.30			

诱惑字（Misleading characters）与假设的性质的关系——这一点，乃是在第六表（表示意义的次数之多寡的）造成后看出来的，在此表中，凡因第一次所下的意义的不对而更下的意义，都包括在内。（除出所下之意义，能与部首字的本义相吻合者）。我们很容易看得出来诱惑字的多寡，（看第一图）对于受验者所下的意义的次数之多寡是大有影响的。换言之，就是受验者因见此等字中，也有共同的性质，乃竟被其所诱惑，而因之发生错误的断论了，诱惑字的数愈多，而错误的断论亦随之而多。

第七表

部首字	女	口		钅		犭
诱惑的意义	亲戚	言谈	声音	钱	化学原质	0
诱惑字的数目	11	3	9	5	6	0
百分率	73.3	20.0	60.0	33.3	40.0	0
次数	40	6	13	10.0	11.0	0
百分率	54.0	9.7	21.0	20.0	22.0	0

在第七表中，这个影响，表示得更加明白。第一排字可不用解释，第二排上诱惑的意义，即指对于每个部首字所下的错误的意义而言，而这些错误的意义，都是受验者从诱惑字的共同的性质上推论出来的。第三、四排，表示每个部首字下诱惑字的数目与百分率。(看第一图) 末了二排表明受验者因被诱惑字所误导而下的错误的断论的次数与百分率。(女部下家属与女亲属两义均作为亲属算)。女部下人的，人类的两义，手部下动作，行动，运动，及别的相类的意义，及金部下矿物的一误义，均未包括在内。此等意义虽亦列入 B 类，但比三个部首字的本义较广，惟有用不同部首的反证字（the negative instance characters the radical group）可以证明其谬误，均非因受验者被诱惑字所误导之结果所致，所以均不归入第七表内。

这张表上所表示的事实，虽然以依诱惑字中共有的性质而误下断论的一事，因例子不很充足，似乎未便即据之而下一种肯定的断语。但诱惑字的数目之多寡与错误的意义的次数之多寡之间，确有一个很密切的关系，即是后者之次数与百分率的增加，每随前者的数目与百分率的增加而起。

5. 反证的察见（The detection of negative instances）——这乃指受验者察见反证字的能力而言。察见的类别可以分作下列数类。

A_1 类　受验者在未下断论前，注意到不同部首的反证字，忆及同部首中的反证字，（the negative instance characters within the radical group），而用以证明他的断论的不误。假使他的断论是正确的。

A_2 类　受验者于未曾下定其断论之前，计及不同部首的反证字而下一断论，但他却未用同部首中的反证字以证实他的断论。

A_3 类　受验者虽下有正确的断论，但未记及不同部首的反证字，而只能引用其同部首的反证字以证实他的观点。

A_4 类　受验者虽下有正确的断论，但他并未计及不同部首的反证字，并且也未忆起同部首的反证字以为其推理之证据。

B_1 类　这类的受验者能够注意到不同部首的反证字，但已在下有不正确的断论之后。

B_2 类　与 B_1 类同。惟此类的受验者只能察见同部首的反证字。

C_1 类　受验者下有一与不同部首的反证字的意义不相涉的断论，因此不能察见他们。直至试验终止时，试验者提醒他后，他才注意及之。

C_2 类　与 C_1 类同。惟受验者所失于察见的乃为同部首的反证字。

D类 受验者因记错了不同部首的反证字的结构,所以下了个意义极宽泛的断论。换言之,他把不同部首的反证字认为属于同一部首的。例如以部首手字认做行为,动作,或行动等解释,因为他错记了行,徙,舞诸字的结构,以为也是同属于手部的。

E类 受验者把同部首的反证字同列入他所被记忆的同部的拼合字中,而并未察见这种字的意义乃与他的断论相矛盾的。

第八表

类别	氵 数目	氵 百分率	女 数目	女 百分率	口 数目	口 百分率	扌 数目	扌 百分率	钅 数目	钅 百分率	大总数	百分率
A_1	0	0	1	2	0	0	0	0	1	2.7	2	1.1
A_2	0	0	0	0	1	2.2	0	0	0	0	1	0.6
A_3	0	0	7	14	10	21.3	8	19	18	48.4	43	24.1
A_4	0	0	7	14	3	6.4	0	0	2	5.4	12	6.7
B_1	0	0	2	4	0	0	1	2.4	3	8.1	6	3.3
B_2	0	0	14	28	13	27.7	4	9.5	5	13.5	36	20.2
C_1	0	0	8	16	8	17	21	50	5	13.5	43	23.6
C_2	2	100	5	10	12	25.5	5	11.9	2	5.4	26	14.6
D	0	0	2	4	0	0	3	7.1	1	2.7	6	3.3
E	0	0	4	8	0	0	0	0	0	0	4	2.2
总数	2		50		47		42		37		178	

第八表表明每个部首字下各类受验者察见反证字的数目和百分率。表中显有数项离奇的事实极堪注意:(1)属于 A_1 类只有二起(1.1%),属于 A_2 的只有一起(0.6%)。照此看来,很

易明白受验者的下有正确的断论都为偶然之事。他们罕有于推理之前，注意及于不同部首的反证字的。这个似乎显出受验者的推理，其于下假设之时，往往只就眼前的事立论，而鲜有把非一看即得的事件详加分析，以注意于与他们的断论的关系的。反之（2）合观五部首字而共计之，则四十三起（24.1%）属于 A_3 类，而十二起（16.7%）属于 A_4 类的。换言之，如果我们合计受验者在第一次的断论中即得部首字的本义的，五十八起中四十五起（77.9%）是引用同部首的反证字以为其断论的正面的证据的。这个即显出受验者下断论时，他所记忆的或聚拢来的拼合字的数目与种类往往决定他断论的性质。如果除诱惑字外，他也记得同部首中别个拼合字的，他每能得到一个正确的断论。反之，他如只记得诱惑字，他得到正确的断论的机会便减少了，这一点上面所说过的诱惑字字数的多寡常决定假设的性质这个事实，更足证明之。（3） B_1 类的百分率（3.3%）少于 B_2 类（20.2%）甚巨。而 C_1 类的百分率（23.6%）则大于 C_2 类（14.6%），这可见不同部首的反证字比同部首的更为难于察见。（4）属于 C_1 类的四十二起， C_2 的二十六起，两类共有六十八起，占 38.2%. 如拼入 D, E 两类，则受验者于全试验中不能察见反证字的共有七十八起之多，占 43.7%。由此看来，受验者极易忽略过与他们原始的断论相矛盾的事件，乃是件实在的事实。

6. 对于反证字的态度——此乃指受验者发现（不论他自己发现或为试验者所指示）与他以前所下的假设相矛盾的反证字时的行为而言。他认实了这矛盾处时，他怎样？我们现在把这个实验中关于这一点的结果分作为五类而论列之如下：

A类　此类的受验者发现了反证字后，他立即把他以前的断论改变了，以避矛盾，而部首字的意义即在改正之后便即获得。

B类　受验者发现了反证字后，便作种种的猜测，直至（B_1）他自己获得了部首字的本义。（B_2）受了试验者的指示后而卒得部首字的本义。（B_3）虽试验者给以指示而终不能得到真确的意义。

C类　这类的受验者见了反证字后，不改正其原始的假设，而以牵强的解释来弥合他的困难点。换言之，即把反证字来强凑他不正确的假设，而借以解释其矛盾之处，譬如有些受验者，在第一次下的断论中，以部首女字为亲属的记号。这个断论以后与姆字相矛盾了；因欲弥合此困难点，受验者便坚持说，姆也可以当为家属中的一分子，所以与亲属这个假设并不十分矛盾。

D类　受验者虽已知他的假设不对了，但他不愿意改易。似乎弃去他得意的（虽是错的）理论实太可惜。虽有矛盾，他却乐意为之。

E类　这类的受验者遇见了反证字后，便不知所措了。他虽知道他初起的假设是不行了。但他不能另创出别的假设来替代他。似乎这个矛盾处的发现已把他的方寸扰乱了，他的字与字的联想（word association）也凝止了，因此他弃去了这个问题当为绝望而以为要得到部首字的意义是不可能的。虽然试验者屡次担保他，他如果再用心地去想一想，他总能得到正确的意义，但他却拒绝此事，不肯再试了。

第九表

类别	冫 数目	冫 百分率	女 数目	女 百分率	口 数目	口 百分率	扌 数目	扌 百分率	钅 数目	钅 百分率	大总数	百分率
A	0	0	8	22.8	12	36.4	13	38.2	10	62.5	43	35.8
B_1	0	0	4	11.4	6	18.2	5	14.7	1	6.2	16	13.3
B_2	0	0	4	11.4	6	18.2	4	11.4	2	12.5	16	13.3
B_3	0	0	3	8.5	5	15.1	9	26.5	1	6.2	18	15
C	0	0	4	11.4	1	3	0	0	0	0	5	4.1
D	0	0	7	20	1	3	0	0	1	6.2	9	7.5
E	2	100	5	14.2	2	6.1	3	8.8	1	6.2	13	10.9
总数	2		50		47		42		37		178	

第九表表示各类的人数及百分率。一半的人数（A及B_1两类），是能够改正他的假设的，而其他的半数（属于其他各类的）均系失败者。以牵强的诠释来弥合他的断论的（C类）百分率并不甚大。但我们便将看见，这类的态度在对于假部首反应中是比较很普通的。

7. 对于假部首的反应无关紧要的部分之弃置——为减省篇幅起见我只把对于假部首的反应中重要的三项提出来说说。这三项是：(1) 把假部首当作不重要的部分而弃置之的能力。(2) 受验者第一次试从含有假部首字的一二拼合字中推论假部首的意义时的反证字的察见。(3) 对于反证字的态度。每项中又可分为三类：

（1）把假部首当作不重要的部分而弃置之的能力。

A 类　受验者早就假定欲从含有假部首字的诸字中寻出一些关系是不可能的。并已推论到若就各个拼合字的意义而论，假部首字是没有重要的关系的。

B 类　受验者见含有假部首的拼合字（至多二个很少三个的）中，似有相共的关系可寻，因而有推测假部首字的意义的尝试。譬如妈及驳字中的假部首马字往往认为表示暴厉或可畏的。此种推理可以算是极不谨慎的推理，因为大半均从两个拼合字中抽绎出来，而第三字又每每能推翻他的假设的。

C 类　这类的受验者既不作推论假部首的意义的尝试，也不把他当为无关紧要的部分而弃置之。

（2）反证字的发现。正如上面已经指出过，二个含有假部首的拼合字间，（无论如何浮泛）总可以设立一个相共的关系，而第三字便往往破坏这样的一个关系。（譬如［看第一图］玛或鎷，有与驳，妈二字相同的假部首马字，而使后二者间的关系不能成立）。这第三个字于此便当为一个反证字。所以把假部首字当作无关紧要的部分而弃置之的能力之依靠于察见反证字的能力是很易见的。

A 类　未下关于假部首的意义的断论前，受验者已发见了反证字，把他（假部首）当作无关紧要的部分而弃置了（惟有上项的 A 类是属于这类的）。

B 类　在为假部首推论出一个意义后，便即察见反证字。

C 类　受验者直至试验将毕时，试验者引起他的注意后，才能察见反证字。

（3）对于反证字的态度。

A类　受验者发见了反证字后，便将以前的假设弃去，或以前尚未有甚么假设，此时也就不再去推求了。

B类　受验者下了个牵强的诠释，把反证字来凑合他原始的假设。譬如许多受验者把铃及吟中假部首今字解作为声音或音乐的记号。因此坚持吟字不必定为断论的反证字，因为妗（aunt）尽可以歌唱，或弄音乐给他的姪儿女听的。

C类　受验者虽已认实他的假设是不能应用到反证字上去的。但他却不顾弃去他的假设。

第十表

受验者	第一项	第二项	第三项	受验者	第一项	第二项	第三项
1	B	B	A	17	A	A	A
2	A	A	A	18	B	B	B
3	B	B	B	19	B	C	B
4	A	A	A	20	B	C	B
5	A	A	A	21	A	A	A
6	A	A	A	22	A	A	A
7	A	A	A	23	B	B	B
8	B	B	B	24	B	C	B
9	A	A	A	25	A	A	A
10	A	A	A	26	B	B	B
11	B	B	A	27	B	B	A
12	A	A	A	28	B	B	B
13	B	B	A	29	B	C	B
14	B	B	A	30	B	B	A
15	B	B	C	31	A	A	A
16	B	B	B	32	B	B	A

续表

受验者	第一项	第二项	第三项	受验者	第一项	第二项	第三项
33	B	B	B	47	B		
34	B	B	A	48	C	B	B
35	B	C	B	49	C		
36	B	B	A	50	C		
37	B	B	A	51	C		
38	B	B	A	52	C		
39	B	B	A	53	C		
40	B	C	C	54	C		
41	B	B	A	55	C		
42	B	B	A	56	C		
43	B	B	B	57	C		
44	B	C	C	58	C		
45	B	C	C	59	B	B	C
46	C			60	C		

		第一项	第二项	第三项
A 类	总数	14	14	28
	百分率	23.3	29.8	59.5
B 类	总数	33	25	14
	百分率	55.0	53.2	29.8
C 类	总数	13	8	5
	百分率	21.7	17.0	10.6
大总数		60	47	47

在第十表中受验者均照他对于假部首所发的反应的类别而分记之。此表中有两事很可注意：（1）倾向于不谨慎（或草率）

的断论的趋势是很明著的（三十五起或 55％）。（2）牵强的诠释也是很多的（十四起或 29.8％）。

部首的难易的比较　我们在上边已经指出过有些部首的意义较别的为难于发见。六十个受验者中，三十五人（或 58.3％）在授以第三说明前已发见了部首氵字的意义。三十九人（65％）发见了部首女字的意义。发见口字的意义的共三十七人（61.7％），手字二十八人（48.7％），金字二十三人（38.3％）。——看第二表 A 类。——由此看来，包含部首扌字及金字的二系较其他三系为难；而发见他部首的意义时，受验者所记忆的字数的平均数也较大于金扌两部的这个事实，（见第三表），更可以证明此点。发见部首的意义时的平均所需的次数，也可以证明这个结论。换言之即发见金扌两部首字的意义时，其所需之次数比较他部首字为多。

9. 发见部首的意义与记忆间及与辨识字原间的关系——这个问题是两层的。能够很快地记忆拼合字的人，是不是也敏于发见部首字的意义？善于从字原板上认出正确的字原的人，是不是也善于发见部首字的意义？要答这两个问题，我们便把六十个受验者按照他们在记忆试验完毕之前所能够发见部首的意义之多寡而分为六组以论列之。

第一组　能发见五个部首字全数的意义者。

第二组　能发见四个部首字的意义者。

第三组　能发见三个部首字的意义者。

第四组　能发见二个部首字的意义者。

第五组　只能发见一个部首字的意义者。

第六组　完全不能发见部首字的意义者。

第十一表

第一组				第二组				第三组			
字原	正确的原字	意义	次数	字原	正确的原字	意义	次数	字原	正确的原字	意义	次数
11	8	5	9.2	14.6	7.9	4.6	8.5	11.3	7.2	4.2	10.3
第四组				第五组				第六组			
字原	正确的原字	意义	次数	字原	正确的原字	意义	次数	字原	正确的原字	意义	次数
11.7	7	4.3	7.5	12.6	6.6	3.3	8.5	14.7	7.1	3.7	10.9

现在可以把我们的问题说明得更明瞭一些，第一组的人能比第二组的人较善于记忆拼合字及从字原板上认识正确的字原吗？第二组的人较善于第三组而更由此类推吗？第十一表表示每组的人从字原板上所认出的字原的平均数，正确的字原的平均数，（乃确在一个以上的拼合字中发见者）共中所含的部首字的数目，及每个受验者记熟八十八个拼合字的所需的学习的次数（平均数），从此便很容易看得出善于记忆的人不定是善于发见部首字的意义的；虽然上边也曾说过，发见部首字的意义时，必需也有若干熟记的字数的。第四组的人，照平均数看来，乃是最善于记忆的人（七次半），第五组的人所需的次数适与第二组的人相等（八次半）。第六组的人虽为最迟钝的学习者，但第三组的人也只略好一些，而第一组的人在记忆的位置中只占第

四。发见部首字的意义与认出正确的字原间关系也是如此。平均计之，第五组及第六组的人虽有能认出较多的字原的趋势，但其正确的字原的平均数却比别组为小。第一组的人虽有较多正确的字原的平均数，但这个证据也太薄弱，不足以证实二者间确有某种关系的存在。我们于此更须注意的，第五第六两组的人，平均看来，虽然认出的部首字较第三四两组为少，而第三四两组亦比第一二两组为少，但能于字原板上很正确地认出部首的，尽有不能发见他的意义的。如第六组（详细的记录未载于此）的人有能认出四五部首字的，却全不能发见他们的意义。换言之，发见部首字并不一定与发见他们的意义相连的。

这里又有一个问题发生了。部首字的发见，较迟或较早于部首字的意义的发见？八十一起中是部首字与其意义同时发见的。十六起中，部首的意义之发见先于部首字的发见，而后于部首的，共六十五起。所以意义较部首自身先发见的乃只少数。而在此种情形中，受验者虽能发见一个部首字的意义，却不能于字原板上指出这个部首的。

第五节　撮要与结论

现在我们且来把这个实验的结果中的主要情形撮录于下：

1. 我们根据实验的结果把归纳推理的历程分别为五项，即（1）部首的意义的发见，（2）证据的数目，（3）假设的性质，（4）反证字的察见，（5）对于反证字的态度，每项又按照实验中所见反应的各种不同之样式而更类分之。

（1）部首的意义的发见——（a）几近受验者的半数均自然

地发现部首字的意义，（b）若干记熟的字数乃于发现意义时所必不可少的。

（2）证据的数目——受验者有急于下断论的倾向（即持比较尚少数的证据而即下断论）。这个倾向在对于假部首字的反应中，尤为明显。许多受验者有只持两字为根据而便下断论的。

（3）假设的性质——（a）大多数的推测都与正确的意义相符，或相近的。穹远的猜测并不甚多。（b）诱惑字的多寡，于决定受验者所下的假设的性质上大有影响。

（4）反证字的察见——（a）受验者在下断论之前，鲜有注意及于不同部首的反证字的。所有断论都从同部的拼合字中推论得来。而不同部的拼合字之与有关系者，每不注意。不同部的反证字只有校正错误的推理的用处。正确的断论常只是得意的推测罢了。受验者偶然得到部首字的本义的，尽有经过实验的全部，而并未察见这种反证字的存在的。（b）断论的性质（无论完全正确或只一部分正确）大半依赖于受验者下断论时所能忆或聚拢来的拼合字的数目和种类而定。除了诱惑字而外，记忆同部首的拼合字的能力，乃于得到一个正确的断论所不能少的。（c）不同部首的反证字较同部首的为难于察见。（d）全体 40% 余均不能察见反证字。试验者未曾指明他们所下的断论的不确前，受验者每不自知其断论的误处。

（5）对于反证字的态度——受验者能够在发现他们的原始的假设与反证字相抵触后，而改正其假设，能与本义相符的，约占总数之半。其另一半均为各种不同类的失败者。下一牵强的诠释以弥合其假设之缺点的，与不肯放弃得意的假设的，乃其中之最足注意者。牵强的诠释，在下假部首的意义中，尤为显著。

2. 善于记忆拼合字的，不定为善于发见部首字的意义的人。受验者发见部首的意义的能力与从字原板上认出拼合字所属的部首的能力之间，也并没有很重要的关系的。

3. 属于金部及扌部的两系拼合字中所含的相共的关系（即部首的意义），较其他三系为难于发见。

这个试验我只把他看作一个初次的尝试。所以表而出之者，只在指出归纳推理的物观的研究的可能，而要求心理学界与以对于这个试验的方法的改善上的批评和建议。我很知道这个实验中所用的方法并不完善，且有缺点，所以不愿从所得的结果中，多作广泛的申论（Widespread Generalizations）。我也不欲于归纳推理的历程上，作些理论上的讨论，和应用这些结果到教育或社会上去，这种尝试我以为并不妥当，因为现在所用的方法还未尽善尽美，而历程中所有重要的原因（factors）还未能悉归统御之故。我也不欲以一般流行的先天的或遗传的假设来解释发见部首字意义及察见反证字的能力（但受验者于此实验中所显出的各式不同的反动，却不当以试验者不熟悉受验者的生此实验中各个有关系的原因不能统御得宜之故，来解释之）。

实在这个实验的方法比较他的结果于我更有兴味。结果的价值，只在他能够指出我所尝试的这种言语反应的物观的研究并非完全无效，而且指示我们以再进一步的研究的新场所。如果不因篇幅所限，我将讨论我所发见的这个实验中的短处，及其改善的方法。这种方法我将于最近之将来中，应用之于范围更广的研究上去，而尤将于历程中的数量一方面，加以特别的注意。如果我能够实行我的计划，我于下次的报告中，定将如此做去。我觉得以中国字为材料，于数量的统御上不能予人以满意。所以我将发明一种非中国字的材料来供给这个目的的用处。我更希望能够把包含在归纳推理的历程中的反应的样式，分析得比现在所做的更为详密，更为周备。在这个将来要做的研究中，我希望更能发明一个 Genetic Scale 可以比较不同年岁不同等级的儿童及成人的推理反应的样式。

虽然归纳推理的历程是人类反应中最复杂之一，但到底总有归于物观的统御的希望。所以我相信不用内省法，而能很确当，很妥切地研究这种言语反应的时期已将不远了。

注一，这个实验是 1921—1922 这学年中，在加省大学的心理实验室中所做的。在这实验的进行中，托尔曼教授（Prof. E. C. Tolman）曾给我以极有价值的指导与助力，并且为我鉴定原稿。司脱拉顿教授（Prof. G. M. Stratton）曾加以友谊上的关切，并给我以有价值的指示。我都非常感激他们。我更须谢谢华生与勃朗两博士（Drs. John B. Watson and Warner Brown），他们都曾读过我的原稿并与我以明允的批评与指示。

注二，Psychological Monograph 28，No. 1，1920。

注三，The Higher Mental Process in Learning. Psy. Morog. 28, No. 7，1920。

（译自 1923 年 8 月出版的实验心理学报）